JN287610

LSI設計常識講座
Common Knowledge for LSI Design

名倉 徹

東京大学出版会

Common Knowledge for LSI Design
Toru Nakura
University of Tokyo Press, 2011
ISBN978-4-13-062832-7

はじめに

　授業でトランジスタについて学んだ．オペアンプの動作原理も知っている．Razaviの教科書も読んでアナログ回路の基礎もマスターしたかもしれない．でも「じゃぁオペアンプの設計をしてごらん」と言われたら途方に暮れてしまうというキミ．

　本当に動くLSIを設計し，それをきちんと測定するためには，非常に多くの雑多な細かい知識が必要となる．それらの知識は，大学の研究室や企業の開発グループにおける一種のノウハウとも言える形で先輩から後輩へと口頭で伝えられている．新人君が失敗を繰り返しつつ先輩から後輩へと技術が伝承されるのは古き良き美しい形ではあるが，先輩も後輩もそんなのんきなことはしていられない時代になってしまった．本書は，これまでの教科書には載っていなかったが回路設計者としては必須である雑多な知識を，設計の場面場面で考慮すべき事項としてまとめたものである．

　本書の前半はCADの動作原理など，設計を進める上でのツボとなる事項を説明してある．LSIの回路設計ではCADを用いて設計を行うが，上記の「設計の場面場面で考慮すべき事項」をCAD上のデータとして正確に反映させる必要がある．そこでは「これくらいは誤差として無視していいだろう」というものと「一見どうでもいいように見えるけど実はとても大事なこと」とが混在している．それらを正確に判断して正しく動作するLSIを設計するには，CADの動作原理なども考えつつ，CADツールの個々の設定がどういう意味を持っているのかをきちんと理解しておく必要がある．私が学部4年生で初めて研究室に配属されたとき，指導教官である浅田先生から

　　　　　「自分の作ったシミュレータ以外は信用してはいけない」

と言われたことがある．シミュレータは，モデリングの手法によって様々な誤差が発生したり，無理な前提条件が含まれていたり，作者の想定していない境

界条件をユーザが与えたりすることがあるため，その計算結果は常に疑ってかかるべし，というほどの意味であろう．時は移り，現在の LSI 設計において，市販 CAD を使わないで設計するのは不可能であるだけでなく，今や「回路設計力 = CAD を使いこなす能力」といった感すらある．とはいえ，回路設計者たるもの，自分でシミュレータを作るのは無理にしても，シミュレータの原理くらいは最低限知っておくべきであろう．例えば，インバータを奇数段つなげたリングオシレータをシミュレーションして全ノードが $V_{DD}/2$ につりあって発振せずに悩む，というのはこの分野のほとんど全ての人が通る道である．このとき，シミュレータの原理を知らないと「インバータを奇数段つなげても発振しない」という結論に至る可能性があるのである．すなわち，シミュレータにとって苦手な計算をさせてしまったにもかかわらず，その結果を盲目に信じて痛い目にあったりしないように，さらには，自信を持って各種の CAD ツールを使いこなし，その計算結果の正しさをきちんと判断できるようになる必要がある．

本書の後半では，自分の設計した LSI チップを測定する際に必要な知識を説明してある．例えば，オシロスコープにもサンプリングオシロとリアルタイムオシロがあり，その動作原理と特徴を理解しておかないと正確な測定はできない．

トランジスタの動作原理や，ソース接地・ドレイン接地回路の利得，オペアンプや A/D，PLL など個別の回路技術，詳細な CAD の使い方などは，別途しかるべき教科書・ドキュメントで勉強していただきたい．本書はそれらを補完し，回路設計におけるプラットフォームとなる知識を習得するための教科書である．基本的なトランジスタ特性などは知っていることを前提としている．

研究室に初めて配属になった新人君や，それまで回路設計の経験がないけれど回路設計の部署に配属された新入社員にとって有用な教科書になることを狙っている．また，とりあえず一通りの設計を経験したことのある人が自分の知識を確認・補完するのにも最適であろう．

本書の内容に関しては，東京大学 VDEC にて「LSI 設計常識講座」と称して Ustream を通じてストリーミング講義を行った．その際のビデオなどを http://www.vdec.u-tokyo.ac.jp/CKforLSIDesign/index.html に置いてあるので，必要に応じて参照していただきたい．

2011 年 6 月

名倉 徹

目次

はじめに i

第1章 回路図入力 1
  1.1 回路図入力 1
     1.1.1 Body 端子と Well 構造 1
     1.1.2 トランジスタパラメータ 3
  1.2 モデルとパラメータ 6
     1.2.1 物理現象とモデルとパラメータ 6
     1.2.2 モデル式 7
     1.2.3 SPICE パラメータ 12
     1.2.4 モデルの理解 16
  1.3 回路設計時のテクニック 17
     1.3.1 階層設計 17
     1.3.2 電源とグランドの扱い 18
     1.3.3 ラベルによる接続 19
     1.3.4 接続ポイント 20

第2章 SPICE シミュレーション 21
  2.1 シミュレーションの原理 21
     2.1.1 DC 解析 21
     2.1.2 AC 解析 25
     2.1.3 過渡解析 27
     2.1.4 ハーモニックバランス解析 32
     2.1.5 各解析方法の特徴と比較 32
  2.2 高速 SPICE 34

		2.2.1	パーティショニングとイベントドリブン	34

- 2.2.1 パーティショニングとイベントドリブン …………… 34
- 2.2.2 パーティショニングできない回路 ……………………… 36
- 2.2.3 タイムステップ制御 ……………………………………… 37
- 2.2.4 モデルの単純化 …………………………………………… 38
- 2.2.5 精度の指定および自動判定 ……………………………… 38

2.3 簡易 HSPICE マニュアル ……………………………………………… 39
- 2.3.1 基本的なこと ……………………………………………… 39
- 2.3.2 素子の定義 ………………………………………………… 40
- 2.3.3 電圧源と電流源 …………………………………………… 42
- 2.3.4 シミュレーションの種類 ………………………………… 44
- 2.3.5 ファイルのインクルードとライブラリ ………………… 46
- 2.3.6 オプションと .MEASURE 文など ……………………… 47

第 3 章　レイアウトとその検証 …………………………………………… 53

3.1 LSI 製造の基本プロセス ……………………………………………… 53
- 3.1.1 LSI の 3 次元構造 ………………………………………… 53
- 3.1.2 フォトリソグラフィー …………………………………… 53
- 3.1.3 成膜 ………………………………………………………… 57
- 3.1.4 不要部分の除去 …………………………………………… 57
- 3.1.5 不純物導入 ………………………………………………… 58
- 3.1.6 CMOS 製造プロセス ……………………………………… 59
- 3.1.7 デュアルダマシン ………………………………………… 59

3.2 デザインルール ………………………………………………………… 62
- 3.2.1 基本ルール ………………………………………………… 63
- 3.2.2 グリッド …………………………………………………… 64
- 3.2.3 密度ルール ………………………………………………… 65
- 3.2.4 ダミートランジスタ ……………………………………… 66
- 3.2.5 アンテナルール …………………………………………… 67
- 3.2.6 エレクトロマイグレーション …………………………… 68
- 3.2.7 手書きレイヤと自動生成レイヤ ………………………… 68

3.3 基本的なレイアウト …………………………………………………… 69
- 3.3.1 トランジスタのレイアウト ……………………………… 69
- 3.3.2 抵抗のレイアウト ………………………………………… 70

	3.3.3	容量のレイアウト	71
	3.3.4	インダクタのレイアウト	72
3.4	レイアウトエディタ	72
	3.4.1	レイヤ	72
	3.4.2	表示とグリッド	73
	3.4.3	オブジェクト	74
3.5	レイアウトのノウハウ	75
	3.5.1	レイアウトエディタの設定	75
	3.5.2	階層レイアウト	76
	3.5.3	ダブルバック	76
	3.5.4	電源線	77
	3.5.5	クロック配線	77
	3.5.6	シールド	79
3.6	レイアウト検証	79
	3.6.1	DRC	79
	3.6.2	LVS	81
	3.6.3	ERC	85
	3.6.4	Antenna Check	86
	3.6.5	Density Check	86
	3.6.6	検証の種類と順番	86
	3.6.7	フラット検証と階層検証	86

第 4 章	配線 RC 抽出		89
4.1	寄生抵抗と寄生容量	89
4.2	配線 RC 抽出ツールの原理	90
	4.2.1	抵抗の抽出	90
	4.2.2	抵抗測定	91
	4.2.3	容量の抽出	92
4.3	AD/AS/PD/PS と HDIF	97
4.4	代表的なオプション	99
	4.4.1	C 抽出と RC 抽出	99
	4.4.2	コンパクション	100
	4.4.3	クロスカップル容量の扱い	102

		4.4.4	電源線の扱い	*102*
		4.4.5	ノード指定・セル指定	*103*
		4.4.6	フローティングノードとダミーの扱い	*104*
		4.4.7	LVS との XREF	*105*
	4.5	配線 RC の低減		*106*
		4.5.1	プロセス技術	*106*
		4.5.2	設計技術	*107*

第 5 章　IO バッファ … *109*

	5.1	チップ間の信号経路		*109*
		5.1.1	パッド	*109*
		5.1.2	パッケージとボンディングワイヤ	*110*
		5.1.3	伝送線路	*112*
		5.1.4	終端方式	*116*
		5.1.5	電圧レベル	*117*
	5.2	ESD		*118*
		5.2.1	ESD モデル	*118*
		5.2.2	ESD 保護回路	*118*
		5.2.3	ESD 保護回路に関する諸事情	*120*
	5.3	IO バッファの種類とレイアウト		*121*
		5.3.1	各 IO バッファの例	*122*
		5.3.2	電源リング	*124*
	5.4	ピン配置の決定		*125*
		5.4.1	電源ピン	*125*
		5.4.2	シールド	*125*
		5.4.3	対称性	*126*
		5.4.4	アセンブリ, 測定	*126*

第 6 章　ノイズ対策 … *127*

	6.1	誤動作の種類と原因		*127*
		6.1.1	まったく動かない	*127*
		6.1.2	タイミングエラー	*128*
		6.1.3	アナログ的エラー	*130*

6.2	ノイズの種類と対策		*130*
	6.2.1	PVT変動	*130*
	6.2.2	電源ノイズ	*133*
	6.2.3	基板ノイズ	*136*
	6.2.4	クロストークノイズ	*137*
	6.2.5	EMC	*139*

第7章 微細化の進展で発生する問題 …………………………… *141*

- 7.1 ばらつき …………………………………………………………… *141*
  - 7.1.1 ばらつきとは ……………………………………………… *141*
  - 7.1.2 ばらつきの種類と原因 …………………………………… *142*
  - 7.1.3 ばらつきの影響 …………………………………………… *143*
  - 7.1.4 モンテカルロシミュレーション ………………………… *148*
- 7.2 リーク電流 ………………………………………………………… *152*
  - 7.2.1 ゲートリークとHigh-K …………………………………… *153*
  - 7.2.2 サブスレショルドリーク ………………………………… *153*
  - 7.2.3 接合リーク ………………………………………………… *154*
- 7.3 特性劣化 …………………………………………………………… *154*
  - 7.3.1 エレクトロマイグレーション …………………………… *154*
  - 7.3.2 ストレスマイグレーション ……………………………… *155*
  - 7.3.3 ソフトエラー ……………………………………………… *156*
  - 7.3.4 ホットキャリア …………………………………………… *157*
  - 7.3.5 NBTI ………………………………………………………… *158*
  - 7.3.6 RTN ………………………………………………………… *158*
  - 7.3.7 劣化予測シミュレーション ……………………………… *159*

第8章 測定装置 ………………………………………………………… *163*

- 8.1 チップへ信号を出力するもの …………………………………… *163*
  - 8.1.1 電源 ………………………………………………………… *163*
  - 8.1.2 シグナルジェネレータ …………………………………… *164*
  - 8.1.3 パルスパターンジェネレータ …………………………… *166*
- 8.2 チップからの信号を観測するもの ……………………………… *167*
  - 8.2.1 サンプリングオシロスコープ …………………………… *167*

		8.2.2	リアルタイムオシロスコープ	*173*
		8.2.3	スペクトラムアナライザ	*175*
	8.3	信号の入出力両方あるもの		*178*
		8.3.1	BERT	*178*
		8.3.2	ネットワークアナライザ	*179*
		8.3.3	ロジックアナライザ	*183*

第 9 章　測定技術 *185*

	9.1	電源・グランドとリターンパス		*185*
		9.1.1	グランド	*185*
		9.1.2	電源系とデカップリング容量	*186*
		9.1.3	リターンパス	*187*
	9.2	さまざまな部品		*190*
		9.2.1	コネクタ・ケーブル	*190*
		9.2.2	アクセサリ	*192*
		9.2.3	プローブ	*194*
		9.2.4	実装部品	*195*
		9.2.5	シールドルーム	*196*
	9.3	実装例		*197*
	9.4	GPIB と測定自動化と C プログラミング		*199*

第 10 章　設計の全体フロー *205*

	10.1	設計を始める前に		*205*
		10.1.1	何を，何のために作るか	*205*
		10.1.2	最終イメージの決定	*206*
		10.1.3	CAD の決定	*207*
	10.2	トランジスタ特性の確認		*209*
		10.2.1	SPICE パラメータ	*209*
		10.2.2	DC 特性，インバータ遅延	*210*
	10.3	一通りのフローを確認		*213*
		10.3.1	回路図エディタ	*213*
		10.3.2	インバータのレイアウトと LVS, DRC	*213*
		10.3.3	RC 抽出	*214*

10.4	いよいよ本格設計		*216*
	10.4.1 回路設計と測定手法の検討		*216*
	10.4.2 レイアウト設計		*217*
10.5	設計データ提出後		*218*
	10.5.1 測定準備		*218*
	10.5.2 特許書類の作成		*220*
10.6	測定とその後		*220*
	10.6.1 測定		*220*
	10.6.2 報告書の作成		*220*
	10.6.3 次の設計に向けて		*221*

おわりに *223*

索引 *225*

第1章

回路図入力

なにはともあれ，まずは CAD を起動させ，回路図を書いてみよう．「Linux なんて使ったことありません」というあなたも，アカウントを作って .cshrc の設定なんかをやってから回路図エディタを立ち上げる．そしてようやくトランジスタシンボルを置いた瞬間に疑問に思うハズだ．「この4端子目は何なんですか？ 教科書で見るトランジスタは3端子だったんですけど...」

1.1 回路図入力

1.1.1 Body 端子と Well 構造

最初に設計する回路はインバータか NAND ゲートであろう．回路図エディタを立ち上げ，PMOS と NMOS のシンボルを置いて良く見ると，図 1.1(a) に示すように MOS トランジスタが4端子になっている．この4端子目はボディ (B) 端子である．図 1.1(b) に示すように，通常 PMOS では V_{DD} に，NMOS では G_{ND} につながる．これまで見てきた教科書では，当たり前だったので省略していただけである．まれにボディ端子にも別途電圧を与えることがあるため，回路設計では明示的にどこに接続するかを指定する必要がある．

このボディ端子であるが，物理的にはトランジスタの断面構造，特にウェルの構造を理解する必要がある．図 1.2 に断面構造を示す．シリコンウェハは通常 p 型基板を使用する．(a) はダブルウェル構造と呼び，基本となる構造である．NMOS は Pwell 上に n 領域のソース・ドレインで，PMOS は Nwell 上に p 領域のソース・ドレインで構成される．通常は Pwell 全体を G_{ND} に，Nwell 全体は V_{DD} にバイアスする．このとき，チップ全体の基板となる P 基板とすべての Pwell は導通することになり，NMOS のボディ電位はすべてのトランジスタで共通となる．一方，Nwell は Pwell と P 基板から分離されるため，PMOS

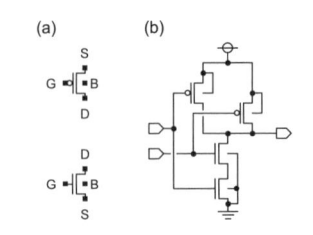

図 1.1 4 端子 MOS トランジスタシンボル

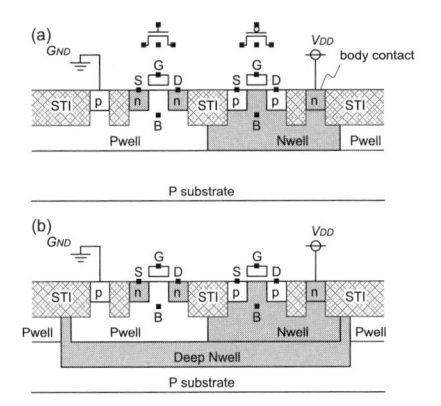

図 1.2 断面構造：(a) ダブルウェル構造，(b) トリプルウェル，Deep Nwell 構造．

のボディ電位は通常は V_{DD} であるが，電位を制御することも可能である．

トリプルウェルもしくはディープ Nwell（DNW と書くのが一般的）構造を (b) に示す．P 基板の上に Deep Nwell を敷き，その上にさらに Pwell, Nwell を敷いてからトランジスタを形成する．こうすることで Pwell を分離して電圧を制御することが可能となる．さらにこの構造は Deep Nwell 上の回路が P 基板と分離されているため，P 基板を通じて伝搬される基板ノイズに影響されにくい，という利点がある．ノイズに弱いアナログブロック回路全体を DNW で覆い，デジタル回路が発生するノイズから守るときなどに利用されることが多い．ノイズの詳細は第 6 章にて詳しく説明する．また，図の STI は Shallow Trench Isolation の意味であり，トランジスタ同士を分離するための酸化膜である．

いずれにせよここでは，トランジスタは 4 端子であり，ボディ端子はウェルの電位を示す．通常は PMOS では V_{DD}，NMOS では G_{ND} に接続するが，場合によってはボディ電位を制御することもある，といったことを理解しておくこと．たとえば $V_{DD}/2$ の電圧を出力したい場合には，図 1.3(a) のように PMOS

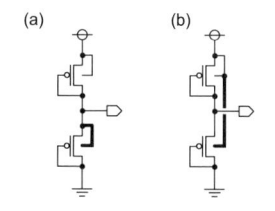

図 **1.3** ボディ電圧制御の例

のボディ電圧を制御する必要がある．(b) では，上と下の PMOS の特性が異なるために，出力は $V_{DD}/2$ にならない．

1.1.2 トランジスタパラメータ

回路図エディタ上にトランジスタを置くと，そのトランジスタの特性を入力する必要がある．

ゲート長 L

まずはゲート長 L を決める．通常は，その使用プロセスの最小寸法を使用する．たとえば $0.18\,\mu m$ プロセスであれば 0.18u となる．このとき，その後のレイアウトの容易性を考慮して回路図上は 0.2u としておき，シミュレーション上では $0.02\,\mu m$ を引き算してから計算するといったパラメータを指定することもある．身近なところから基本例を探してきて，確認してから設計を始めること．

また，アナログ回路では，バラツキ対策や回路特性を向上させるために，最小ゲート長よりも大きい値を使用することもある．ここらへんのツボは後々いろんなところで経験を積んで習得してほしい．

ゲート幅 W および M

続いてゲート幅 W を決める．回路面積，消費電力的には W が小さい方が望ましいが，動作速度・バラツキ対策としては W は大きい方が望ましい．ここで動作速度について，「W を大きくした分，負荷容量が大きくなるので，動作速度は変わらないのでは？」と思うかもしれないが，配線長が同じだとすると W を大きくした方が配線容量の影響が相対的に見えなくなるため，動作速度は速くなる（図 1.4）．

標準的な W の大きさとしては，NMOS は L の 5〜10 倍，PMOS ではその 2〜2.5 倍というのが目安となる．

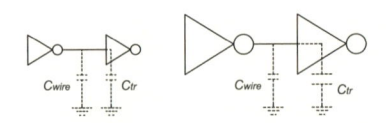

図 1.4 W が大きい方が動作速度的には有利

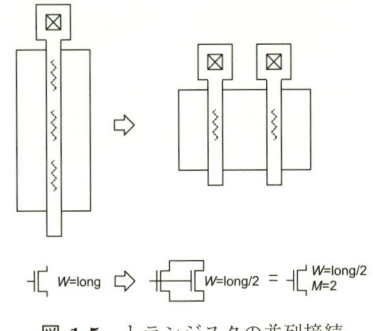

図 1.5 トランジスタの並列接続

　回路設計を進めていくと，大きな W を使用したくなることがある．が，一般的に，使用可能な W の大きさには上限があるし，W が長くなるとゲートの端から端までの抵抗が大きくなって特性が劣化するため，短い W のトランジスタを並列に接続する（図 1.5）．このとき，回路図上ではトランジスタ 2 つを並列に置くのではなく，M (multiplier) というパラメータ値を 2 にする．M を使用することにより，並列数の変更が容易であることに加え，シミュレーション時間が短縮されることにもなる．

AD/AS/PD/PS

　AD/AS/PD/PS はそれぞれ，(A) Area, (P) Perifery, (D) Drain, (S) Source を表している．すなわち，ソース・ドレイン領域の面積および周辺長を示す（図 1.6）．これらの値は容量の計算に使用される．図 1.7 に示すように，ソース・ドレイン領域には逆バイアスされた PN 接合の容量が存在し，それらは回路の動作速度・消費電力に影響を与える．ソース・ドレイン領域の，底面単位面積当たりの容量を $C_{JA}[\mathrm{F/m^2}]$，周辺単位長当たりの容量を $C_{JP}[\mathrm{F/m}]$，ゲートエッジの単位長当たりの容量を $C_{JG}[\mathrm{F/m}]$ とすると，容量値は

$$C_D = C_{JA} \times AD + C_{JP} \times (PD - W) + C_{JG} \times W \tag{1.1}$$

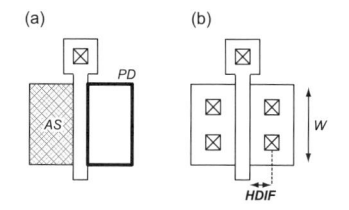

図 1.6 AD, AS, PD, PS と **HDIF**

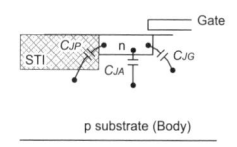

図 1.7 PN 接合容量

となる．ソース・ドレイン領域の面積および周辺長はトランジスタの接続関係からは読み取れないため，別途値を指定する必要がある．指定しない場合にはゼロとなって，実際よりも小さな容量で計算されてしまうことになる．ただ，使用トランジスタモデルによってはコンタクトからゲート端までの距離を表す **HDIF** という値が定義されていて，AD/AS/PD/PS を指定しなくても $A = W \times 2\mathbf{HDIF}$, $P = 4\mathbf{HDIF} + 2W$ として式 (1.1) のソース・ドレイン容量を自動的に計算してくれるモデルもある．確認し，自動計算してくれない場合には，

- シミュレーションの遅延が実際よりも小さいことを意識しながらそのまま設計する．
- AD/AS/PD/PS を自動計算してくれる回路図エディタを使う．
- 回路図エディタが生成したネットリストに AD/AS/PD/PS を追加するスクリプトを自作する．
- 回路図上のトランジスタ毎に AD/AS/PD/PS の値を入力する．

などの対応が考えられる．適切な対処が必要である．

Model

もうひとつ，回路図の各トランジスタ毎に Model を指定する必要がある．Model に関しては，次節で詳しく説明する．

1.2 モデルとパラメータ

1.2.1 物理現象とモデルとパラメータ

そもそも「モデル」とはどういう意味だろうか．電圧と電流を扱う場合，すべての現象は Maxwell 方程式をある境界条件のもとで解くことで物理現象を解析することができる．しかし，この方法だと見通しが悪いうえに計算時間も膨大となるため，物理現象を単純な式で近似することになる．この「単純な式」が「モデル」である．

トランジスタ内部の物理現象を解析するために最初に習うのが

$$I_D = \frac{1}{2}\frac{W}{L}\mu C_{ox}\{2(V_G - V_{th})V_D - V_D^2\} \quad (V_D < V_{th}) \quad (1.2)$$

$$= \frac{1}{2}\frac{W}{L}\mu C_{ox}(V_G - V_{th})^2 \quad (V_{th} < V_D) \quad (1.3)$$

というモデルであるが，これは図 1.8(a) のような電圧・電流の関係を持つ．さらに，もうちょっと複雑な現実に近いモデルとしては図 1.8(b) のように

$$I_D = \frac{1}{2}\frac{W}{L}\mu C_{ox}\{2(V_G - V_{th})V_D - V_D^2\} \quad (V_D < V_{th}) \quad (1.4)$$

$$= \frac{1}{2}\frac{W}{L}\mu C_{ox}\{(V_G - V_{th})^2\}(1 + \lambda V_D) \quad (V_{th} < V_D) \quad (1.5)$$

もあるし，場合によっては図 1.8(c) の

$$I_D = \frac{1}{2}\frac{W}{L}\mu C_{ox}\frac{(V_G - V_{th})^2}{V_{th}}V_D \quad (V_D < V_{th}) \quad (1.6)$$

$$= \frac{1}{2}\frac{W}{L}\mu C_{ox}(V_G - V_{th})^2 \quad (V_{th} < V_D) \quad (1.7)$$

のようにさらに単純なモデルを使っても十分な場合もある．

図 1.8 の (a), (b), (c) それぞれが各自の解析式を持ち，トランジスタの電流・電圧の関係を表す「モデル」と言うことができる．このとき μ や C_{ox}, V_{th} を「パラメータ」と呼び，I_D や V_D は実際の電流・電圧の値で「変数」と呼ぶことにする．

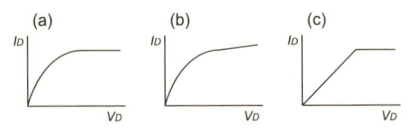

図 1.8 簡単なモデル

1.2.2 モデル式

PN 接合容量

　トランジスタのソース・ドレインはウェル (Body) と PN 逆バイアスの容量を持つ．PN 接合の空乏層幅は逆バイアス電圧によって変化するので，容量値も変化する．図 1.9(a) に示すように，ある電圧で空乏層が形成されている状態からさらに逆バイアスを印加すると空乏層の両端に電荷がたまって空乏層が延びるが，これを容量として見た場合の等価的な両電極間の距離は，もともとの空乏層幅となるため，逆バイアスが小さいときは容量が大きく，逆バイアスが大きくなるにつれて容量は小さくなる．逆バイアス V_R 時の微分容量は

$$C_J = C_{jo}\left(1 + \frac{V_R}{V_{bi}}\right)^{-m} \tag{1.8}$$

となり，PN 接合に 0 から V_{DD} まで逆バイアス電圧をかけたときにたまる電荷量は

$$Q = \int_0^{V_{DD}} C_{jo}\left(1 + \frac{V_R}{V_{bi}}\right)^{-m} dV_R \tag{1.9}$$

となる．ここで V_{bi} はビルトインポテンシャル，すなわちバイアス電圧がゼロのときの PN 接合間の電位差であり，C_{jo} はバイアス電圧がゼロのときの空乏層容量である．m は，PN 接合の濃度が急峻に変わっている場合は 1/2，線形に変化すると 1/3 となり，実際は 1/3 から 1/2 の値となることが多い．おおよそのイメージとしては図 1.9(b) のように変化する．すなわち，式 (1.1) において，

$$C_{JA} = \mathbf{CJ}\left(1 + \frac{V_R}{\mathbf{PB}}\right)^{-\mathbf{MJ}} \tag{1.10}$$

$$C_{JP} = \mathbf{CJSW}\left(1 + \frac{V_R}{\mathbf{PBSW}}\right)^{-\mathbf{MJSW}} \tag{1.11}$$

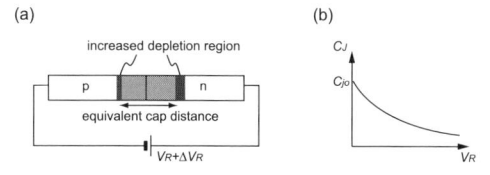

図 **1.9** PN 接合容量

$$C_{JG} = \mathbf{CJGATE}\left(1 + \frac{V_R}{\mathbf{PHP}}\right)^{-\mathbf{MJGATE}} \quad (1.12)$$

と表すことができ，太文字で書いたパラメータは使用プロセスによって決まる値である．また，C_{JG} と C_{JP} を区別せずにどちらも C_{JP} として扱うことも多い．

ドレイン電流 (Model1 ～ BSIM4)

トランジスタは図 1.10 に示すように，容量と電流源でモデル化され，それらの容量・電流源はともに端子電圧によって大きさが変わることになる．つまり，$C(V_G, V_D, V_S, V_B)$, $I_D(V_G, V_D, V_S, V_B)$ と表される．それらの解析式，すなわち「モデル」には多くの種類があり，トランジスタの微細化によってそれまで無視できていた物理現象が無視できなくなると，それらの効果が組み込まれたモデルが提案され，現在でも新しいモデルが更新されている．

電流源のモデルでは，最も基本的なものが LEVEL1 と呼ばれるモデルであり，式 (1.4), (1.5) にも示したが，

$$I_D = 0 \qquad (V_G < V_{th}) \quad (1.13)$$

$$I_D = \frac{W}{L}\mathbf{KP}\{(V_G - V_{th})V_D - V_D^2\} \quad (V_D < V_G - V_{th}) \quad (1.14)$$

$$I_D = \frac{1}{2}\frac{W}{L}\mathbf{KP}\{(V_G - V_{th})^2\}(1 + \mathbf{LAMBDA}V_D) \quad (V_G - V_{th} < V_D) \quad (1.15)$$

$$V_{th} = V_{bi} + \mathbf{GAMMA}\sqrt{(\mathbf{PHI} + V_{SB})} \quad (1.16)$$

$$V_{bi} = \mathbf{VTH0} - \mathbf{GAMMA}\sqrt{\mathbf{PHI}} \quad (1.17)$$

となる．

トランジスタが開発された当初はこの程度のモデルで十分だったのが，閾値電圧変動，垂直方向電界による移動度の低下，閾値下特性などをモデルに組み込

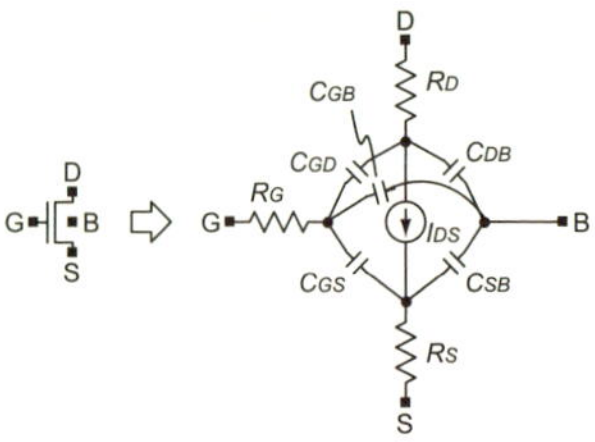

図 1.10 トランジスタと電圧制御電流源・容量

んだ LEVEL2，DIBL (Drain Induced Barrier Lowering) などのショートチャネル効果を組み込んだ LEVEL3 が開発され，さらに，第 2 世代のモデルと分類される BSIM，その進化版である BSIM2, BSIM3, BSIM4 モデルなどが一般的に広く使われている．

LEVEL1, LEVEL2 くらいまでは理解できるが，BSIM3, BSIM4 となってくると，複雑すぎて普通の回路設計者にはモデルのすべてを把握するのは無理である．図 1.11 に示すような基本的 I_D 特性をシミュレーションで確かめ，それをもとに直感的な回路設計を行い，後は L, W を変えながらシミュレーションを繰り返して最適な回路へと収束させることになる．

トランジスタ容量

トランジスタの容量モデルも，電流モデルと同様に重要である．ドレイン−ボディおよびソース−ボディ間の PN 接合容量は式 (1.1) および (1.10), (1.11), (1.12) で表すことができる．

ゲート容量に関しては図 1.12 に示すように，(a) 蓄積領域，(b) オフ領域，(c) 線形動作領域，(d) 飽和動作領域，で動作が異なり，それぞれの領域でゲート−ソース容量 C_{GS}，ゲート−ドレイン容量 C_{GD}，ゲート−ボディ容量 C_{GB} が

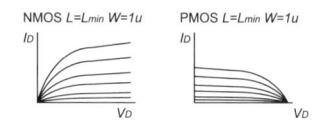

図 **1.11** トランジスタ DC 特性

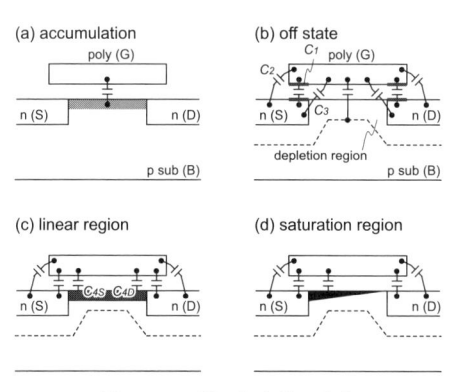

図 **1.12** ゲート容量の変化

異なる振舞いをする．

蓄積領域 (a) では，NMOS のゲートにマイナスの電位をかけた場合で，通常のオン状態では電子によるチャネルが形成される部分にここでは正電荷が発生し，ゲート–ボディ間に容量が形成される．

オフ領域 (b) では，ゲート–ソースおよびゲート–ドレイン容量 C_{GS0}, C_{GD0} として，ゲートとソース/ドレインのオーバーラップ容量 C_1，ゲート側面とソース/ドレインとのフリンジ容量 C_2，ゲートとソース/ドレイン側面とのフリンジ容量 C_3 が挙げられるが，これらをまとめて **CGSO**, **CGDO** として扱う．また，ゲート–ボディの容量は空乏層の延び方によって変わり，ゲート電位を上げるに従って空乏層が延びて容量は小さくなっていく．

線形領域 (c) のようにトランジスタにチャネルが形成されると，ソース側面との容量 C_3 は見えなくなり，チャネルとの間に容量 C_4 が形成される．このときのチャネル電荷はソースもしくはドレインから注入されたものであり，ゲート–ボディ間の容量はゼロとなって，ゲート–ソースおよびゲート–ドレイン間の容量が形成される．ここで，チャネルの電荷はソース/ドレインのどちらかから注入されたものであるが，その比率はソース：ドレイン=1–**XQC**：**XQC** の割合として表し，経験的に **XQC**=0.4 程度であろうと言われている．

飽和領域 (d) では，チャネルはドレイン端でピンチオフするため，ゲート–ドレイン間の容量は小さくなる．

図 1.13 に，ゲート–ボディ/ソース/ドレイン間の容量変化グラフを示す．横軸はゲート電圧であり，ゲート電圧がマイナスから大きくなるにつれて (a) 蓄積領域 → (b) オフ領域 → (d) 飽和領域 → (c) 線形領域へと変化する．横軸にドレイン電圧を取ると (c) 線形領域 → (d) 飽和領域と変化するが，横軸にゲート電圧を取ると (d) 飽和領域 → (c) 線形領域へと変化する．

ここではゲート容量について詳細に述べたが，ゲート容量だけでなく，ソー

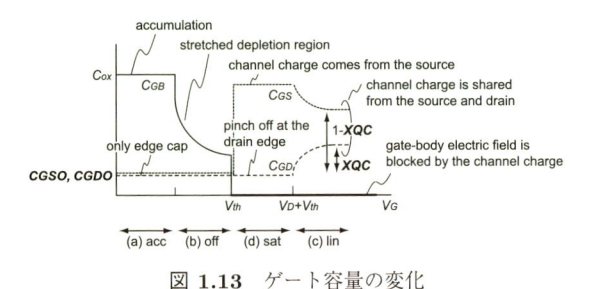

図 1.13 ゲート容量の変化

ス/ドレイン–ボディにも図 1.7 に示したような式 (1.10), (1.11), (1.12) の PN 接合容量モデルでモデル化された電圧依存の容量が付くことも忘れてはならない．

これらのトランジスタ容量の変化は SPICE のモデル式に組み込まれていて，ユーザが意識しなくても SPICE が計算してくれるが，こういう物理現象が起こっているのだよ，ということくらいは理解しておくこと．

たとえば，図 1.14(a) に示すインバータにおいて，初段インバータの負荷としての 2 段目のインバータを (b) のように G_{ND} に終端された 1 つの容量 C_L で表すことがあるが，実際は (c) のようになっており，G_{ND} に終端される容量だけでなく，電源に終端される容量もあれば，直列接続された容量もあり，それら容量の値が電圧によって時々刻々と変化している．それらを大幅に単純化して (b) と表しているのであって，電荷・電流の詳細な挙動を考える際にはきちんと (c) のモデルを用いる必要がある．

トランジスタの寄生抵抗

ソース・ドレインにコンタクトホール (CH) を打ってメタル配線と接続するが，図 1.15 に示すように，コンタクトからゲート端までには抵抗が存在し，この抵抗もモデル化する必要がある．古いモデル (LEVEL1〜3) では W にも **HDIF** にも依存しないパラメータとして **RD**, **RS** を定義している場合もあれば，BSIM1, BSIM2 のようにドレイン電流式の中に含めているモデルもある．BSIM3 では，

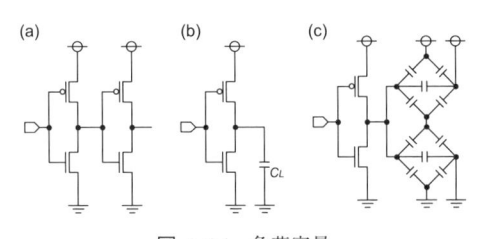

図 1.14　負荷容量

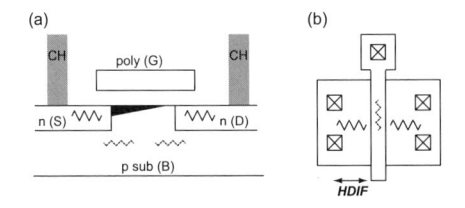

図 1.15　ソース・ドレイン抵抗

12   第 1 章 回路図入力

W 単位長当たりの抵抗 **RDSW** とゲートバイアス・基板バイアス依存性のパラメータ **PRWG**, **PRWB** および温度依存パラメータ **PRT** を定義し，

$$R_{ds} = \frac{\left[\textbf{RDSW} + \textbf{PRT} \cdot \left(\frac{T}{T_{nom}} - 1\right)\right] \cdot \left\{1 + \textbf{PRWG} \cdot V_{gsx} + \textbf{PRWB} \cdot \left[(\phi_s - V_{bsx})^{\frac{1}{2}} - \phi_s^{\frac{1}{2}}\right]\right\}}{W^{\textbf{WR}}} \tag{1.18}$$

として計算している．

また，BSIM3 ではゲートの抵抗およびボディの抵抗は組み込まれていないため，必要な場合には自分で回路図に抵抗を加える必要がある．

1.2.3　SPICE パラメータ

SPICE パラメータファイル

回路設計においては，どのようなモデルおよびパラメータを使用するかを各トランジスタ毎に指定することができる．しかし通常は，トランジスタ構造を設計する技術者がモデルとパラメータを「SPICE パラメータファイル」として提供し，回路設計者は使用プロセスに付随したそのモデルとパラメータを全トランジスタに対して使用することになる．

SPICE パラメータファイルの中身は，たとえば HSPICE の場合は以下のようになっている．

```
.MODEL NLP NMOS
+ LEVEL = 53
+ VERSION = 3.2
+ TOX = 10e-9
+ U0 = 300
+ CJ = 0.1
+ CJSW = 0.001
+ MJ = 0.667
+ ....


.MODEL NHP NMOS
```

```
+ LEVEL = 53
+ VERSION = 3.2
+ TOX = 9e-9
+ UO = 330
+ CJ = 0.1
+ CJSW = 0.001
+ MJ = 0.667
+ ....
```

.MODEL NLP NMOS および .MODEL NHP NMOS で 2 種類の NMOS のモデルおよびパラメータのセットである NLP および NHP を定義している．どちらも LEVEL=53 VERSION=3.2 で，電圧と電流・容量・抵抗の関係式を規定した BSIM3v3.2 と呼ばれる「トランジスタモデル」を指定している．残りの部分は，ゲート酸化膜厚や移動度，単位面積当たりのドレイン–ボディ接合容量など，トランジスタモデルで使用されているパラメータの値が指定されている．ここで，.MODEL の中で，電圧と電流の関係式を示すトランジスタの「モデル」と，そのモデル内で使用される「パラメータ値」が同時に指定されていることに注意が必要である．それらをあわせて「モデル」と呼ぶ場合もあれば「パラメータ」と呼ぶ場合もあって混乱することがある．本来の「モデル」と「パラメータ」の意味をきちんと理解して，柔軟に意味を読み替えること．本書では，.MODEL で指定されている名前（ここでは NLP, NHP など）を「モデル名」もしくは「モデル」と呼び，それぞれの変数（たとえば TOX, UO など）を「モデルパラメータ」，モデルとパラメータ等をひっくるめて「SPICE パラメータ」，また，電流と電圧の関係式を「トランジスタモデル」と呼ぶことにする．つまり，「この SPICE パラメータで定義されているモデル名は NLP であり，そのモデルパラメータの 1 つである TOX の値は 10 nm である．モデルパラメータの LEVEL=53, VERSION=3.2 という値から，トランジスタモデルは BSIM3v2 を使用していることがわかる．」と表現することになる．

　回路設計では，各トランジスタ毎に NLP や NHP など，どのモデル名を使用するかを指定する．すなわち，1.1.2 項における Model ではモデル名を指定する．たとえば，低消費電力を要求される回路では NLP を使用し，高速動作が求められる回路には NHP を使用する，といった具合である．

　SPICE パラメータファイルを見て，どのようなモデル名（NLP など）が使用

可能であり,それぞれの特長(低消費電力用か高速動作用か)を理解し,また,それらがどのトランジスタモデル(BSIM3 とか HiSIM とか)を使用しているかを理解してから設計を進める必要がある.

サイズによる適用範囲

トランジスタのサイズによっては,ある物理現象が見えたり見えなかったりして,トランジスタサイズによってモデルパラメータ値を変更する場合が多い.理想的な真のトランジスタモデルと真のモデルパラメータ値を使う場合にはその必要はないハズであるが,実際に使用するトランジスタモデルはあくまで近似であるし,モデルパラメータ値も真の値ではないため,このような無理が生じてしまう.

たとえば SPICE パラメータが以下のようになっている場合,

```
.MODEL NLP.1 NMOS
+ LMIN = 0.18e-6
+ LMAX = 0.30e-6
+ WMIN = 0.50e-6
+ WMAX = 5.00e-6
+ LEVEL = 53
+ VERSION = 3.2
+ TOX = 10e-9
+ U0 = 300
+ CJ = 0.1
+ CJSW = 0.001
+ MJ = 0.667
+ ....

.MODEL NLP.2 NMOS
+ LMIN = 0.30e-6
+ LMAX = 0.60e-6
+ WMIN = 0.50e-6
+ WMAX = 5.00e-6
+ LEVEL = 53
```

```
+ VERSION = 3.2
+ TOX = 10e-9
+ UO = 300
+ CJ = 0.1
+ CJSW = 0.001
+ MJ = 0.6
+ ....
```

この例だと，$0.18\,\mu\mathrm{m} < L < 0.30\,\mu\mathrm{m}, 0.5\,\mu\mathrm{m} < W < 5.0\,\mu\mathrm{m}$ の範囲では NLP.1 を，$0.30\,\mu\mathrm{m} < L < 0.60\,\mu\mathrm{m}, 0.5\,\mu\mathrm{m} < W < 5.0\,\mu\mathrm{m}$ の範囲では NLP.2 を使用する．こようにして，L, W の広い範囲に渡って複数のモデルを使い分けることができる．このとき，回路図上で各トランジスタ毎に指定するモデル名には .1 などを付ける必要はなく，NLP と書いておけば L, W に応じてシミュレータが適切なモデルを読み込み，指定されたトランジスタモデルを用いてシミュレーションしてくれる．

プロセスコーナライブラリ

製造ばらつきが原因で，トランジスタ特性が狙った値からずれることがある．たとえば SPICE パラメータが以下のようになっている場合，ゲート酸化膜厚が製造時にずれることがあり，典型的 (Typical) には 10 nm であるが，11 nm から 9 nm の間で変動する可能性があることを意味する．ゲート酸化膜厚が 11 nm ではトランジスタ特性は劣化する方向になって回路の動作速度は遅く (Slow) なり，9 nm では速く (Fast) なることから F や S といった添字を使う．

ただし，どのプロセスコーナを使用するかの指定は，シミュレーション条件として別途入力するものであって回路図上に入力するわけではない．回路図上ではあくまで NLP としてモデル名を指定するのみである．

```
.MODEL NLP NMOS
+ LEVEL = 53
+ VERSION = 3.2
+ TOX = tox
+ UO = 300
+ CJ = 0.1
+ ....
```

```
.LIB NT
.PARAM tox = 10e-9
.ENDL


.LIB NS
.PARAM tox = 11e-9
.ENDL


.LIB NF
.PARAM tox =  9e-9
.ENDL
```

1.2.4　モデルの理解

トランジスタ回路を設計し，モデルを指定して回路動作をシミュレーションするわけだが，物理現象がモデルに反映されているのかいないのか，反映されてないとしたら，どのようにして反映させるのか，といったことは常に注意しておく必要がある．普通の回路を設計している分にはあまり気にしないが，基板バイアスを変えるとか，リーク電流について詳細にシミュレーションしたい，などのちょっと変わった使い方をする場合には，回路内部の物理現象がモデル化されているかどうか知っている必要がある．たとえば，LEVEL1 のモデルでは閾値下の電流はゼロとなっていて，サブスレッショルド特性を使った回路設計には使えない．BSIM3, BSIM4 モデルでの注意点について思いついた点を軽く挙げておく（図 1.16 参照）．

- 基板と Well の接合容量 C_{well} は考慮されていない．当然，Deep Nwell 構造も考慮されない．基板バイアスを動的に制御する人は注意．

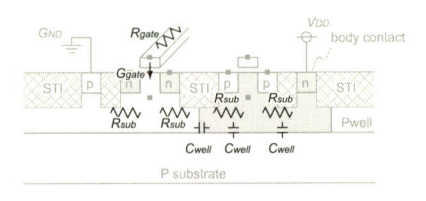

図 **1.16**　モデル化の有無

- ボディから基板コンタクトまでの抵抗 R_{sub} は考慮されずゼロとなっている．電源ノイズ・基板ノイズを気にする人は注意．

- ゲートのポリ抵抗 R_{gate} は BSIM3 ではゼロとなっているが，BSIM4 では考慮されている．特に高周波回路では注意．

- ゲートリーク G_{gate} は BSIM3 では考慮されずゼロとなっているが，BSIM4 では考慮されている．低消費電力設計やリーク電流を気にする人は注意．

- **HDIF** パラメータで AD/AS/PD/PS を自動計算するのは BSIM3．BSIM4 では **HDIF** は有効ではなく AD/AS/PD/PS を指定しない場合はゼロとなる．回路図エディタによっては注意が必要．

1.3　回路設計時のテクニック

1.3.1　階層設計

　回路設計を進めるにあたっては，階層設計を心がけること．たとえばインバータチェインを設計する場合でも，図 1.17(a) のように設計するのではなく，(b) のようにインバータ 1 段でセルを作り，そのセルを並べるようにするとよい．たとえばインバータのサイズを変更する場合，(a) ではすべてのトランジスタサイズを 1 つ 1 つ変更する必要があるが，(b) ではインバータセルのトランジスタを変更すれば，その変更が他のインバータにも反映されることになる．また，後々のレイアウトやその検証なども容易になる．

　また，セルにパラメータを与えることができるが，後々混乱を生むことになるので，セルのパラメータ化はしない方がよい．たとえば，図 1.18(a) のようにインバータの $L_p/L_n/W_p/W_n$ をパラメータ化して，各シンボル毎にそのパラ

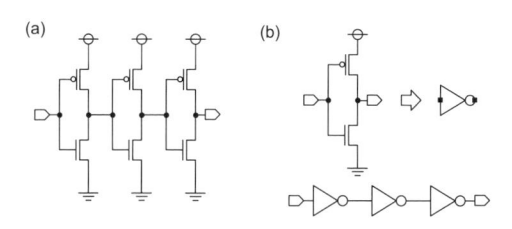

図 **1.17**　階層設計：(a) フラット，(b) 階層化 [推奨]．

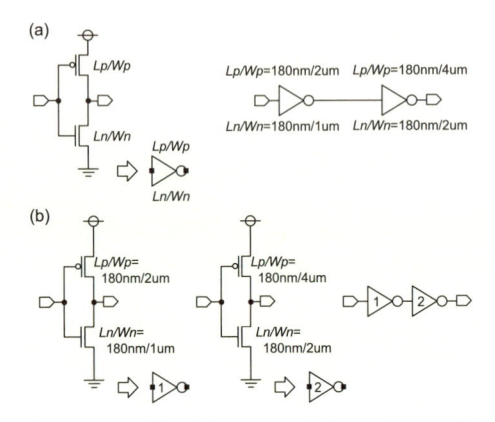

図 1.18 セルのパラメータ化：(a) パラメータセル，(b) 個別にセル化 [推奨].

メータを与えるやり方である．こうしてしまうと，レイアウト時に回路図とレイアウトの対応が取れずに苦労することになる．このような場合は (b) のように，異なる種類のインバータ毎にセルを作成する方がスムーズに設計を進めることができる．

1.3.2 電源とグランドの扱い

回路設計時の電源とグランドの扱いには注意を要する．1 つのやり方は，電源とグランドはどこからでも見えるグローバル変数として定義する方法である（Cadence の Virtuoso では Vdd!, Gnd! のようにビックリマークを付けることでグローバル変数となる）．図 1.17(b) では，電源とグランドはグローバルとしてどこからでも見えると仮定していて，シンボル化するときに端子として定義していない．

ところが，設計を進めていくと，図 1.19(a) に示すようにどこかで必ず電源を分ける必要が出てくる．代表的な例では，内部回路と入出力バッファの電源を分ける，とか，デジタル回路とアナログ回路の電源を分ける，などの場合である．インバータ内部の電源・グランドをグローバル化して Vdd!, Gnd! を使用していると，このような場合に対応ができない．したがって，グローバル変数は使用せずに，図 1.19(b) に示すように電源・グランドも端子として扱うことを強く推奨する．この場合，(c) に示すように，すべてのシンボルに電源・グランド端子を接続する必要がある．回路図がごちゃごちゃして見にくくなるのが困るという場合は，(d) に示すように，ノードに電源・グランド端子名のついた

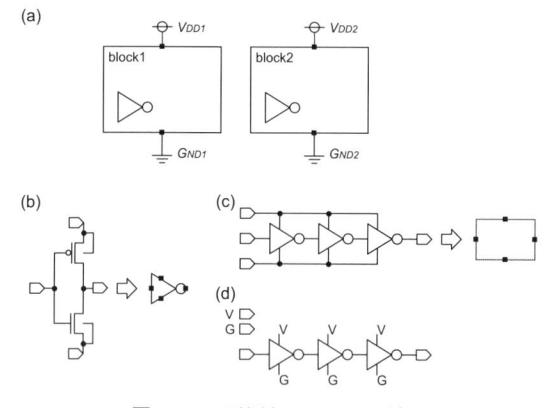

図 1.19 電源とグランドの端子

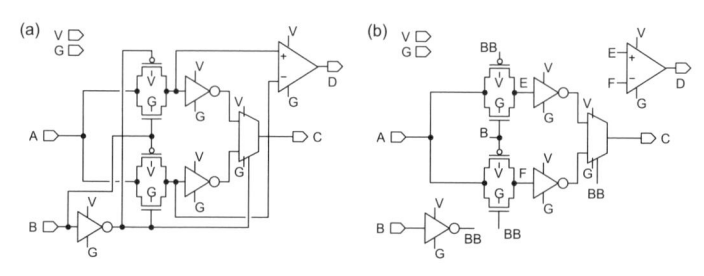

図 1.20 ラベルによる接続：(a) 電源・グランドのみ [推奨]，(b) 信号ピンのラベル接続．

ラベルをふって接続すればよい（たいがいの回路図エディタはこの機能を持っている）．

1.3.3 ラベルによる接続

　さて，このラベルによる接続だが，電源・グランドの接続以外にはなるべく使用を避ける方がよい．たとえば図 1.20(a) の回路にラベルによる接続を適用すると (b) となる．一見すっきりして見えるが，実際にシミュレーション波形を見ながら動作解析したりレイアウトする段階になると (b) の回路図ではわかりにくいということに気づくはずである．たとえば DFF の CLK に関してはラベル接続するかしないか迷うところであるが，基本的に電源・グランド以外にはラベル接続はしないように推奨する．

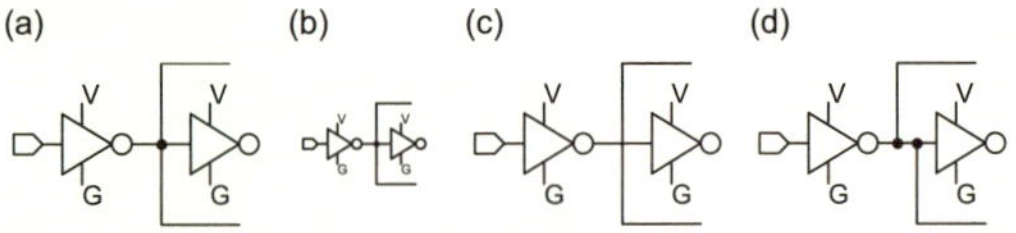

図 1.21　接続ポイント

1.3.4　接続ポイント

　回路図上で図 1.21(a) のようなクロス接続は避けるべきである．特に (b) のように縮小表示した場合に (c) の無接続状態との区別がつかなくなってしまう．クロス接続ではなく，(d) のように少しずらして別のポイントで接続するようにすること．

第2章

SPICEシミュレーション

回路図を書いたら，次はそれを SPICE シミュレーションする．「で，SPICE シミュレーションって何なんですか？」

2.1 シミュレーションの原理

SPICE (Simulation Program for Integrated Cirtuit Emphasis) シミュレーションは LSI 設計において最も基本となるシミュレーションである．SPICE シミュレーションには大きく分けて DC 解析，AC 解析，過渡 (TRAN) 解析，ハーモニックバランス (HB) 解析がある．それぞれの特徴と原理を理解した上で適切に使い分けながら設計を進めていく．

2.1.1 DC 解析

DC 解析では，入力電圧を一定値に保った場合の最終的な電圧を求める．電圧の時間変化は無視するため，図 2.1(a), (b) に示すように容量はオープン (0 [F])，インダクタンスはショート (0 [H]) と考えることができ，(c) の回路は (d) として扱う．

線形素子の場合

図 2.1(d) の回路において，各ノードの電圧および電流はどうなるだろうか．SPICE 内部では $V = RI$ よりも $I = GV$ の形式で計算する．接点 a での電流連続の式 (KCL: Kirchhoff Current Law) によれば

$$-I_0 + G_1 v_a + G_2(v_a - v_b) = 0 \tag{2.1}$$

となり，同様に，接点 b および接点 c では

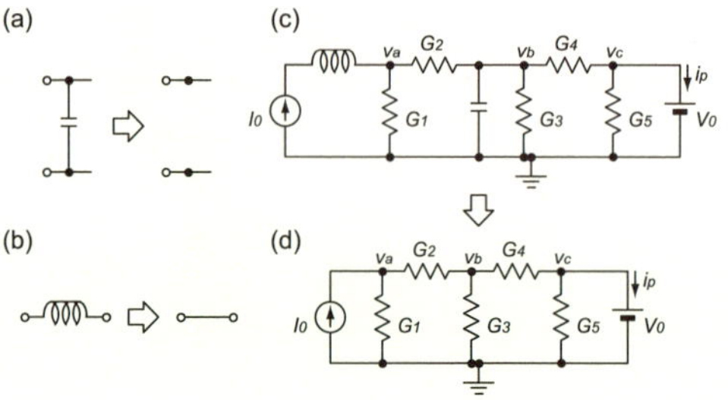

図 2.1 DC 解析

$$G_2(v_b - v_a) + G_3 v_b + G_4(v_b - v_c) = 0 \tag{2.2}$$

$$G_4(v_c - v_b) + G_5 v_c + i_p = 0 \tag{2.3}$$

さらに

$$v_c = V_0 \tag{2.4}$$

である.これらを行列表現すると

$$\left(\begin{array}{ccc|c} G_1 + G_2 & -G_2 & 0 & 0 \\ -G_2 & G_2 + G_3 + G_4 & -G_4 & 0 \\ 0 & -G_4 & G_4 + G_5 & 1 \\ \hline 0 & 0 & 1 & 0 \end{array} \right) \left(\begin{array}{c} v_a \\ v_b \\ v_c \\ i_p \end{array} \right) = \left(\begin{array}{c} I_0 \\ 0 \\ 0 \\ \hline V_0 \end{array} \right) \tag{2.5}$$

となる.さらに一般化して表現すると

$$\left(\begin{array}{cc} \boldsymbol{G} & \boldsymbol{F} \\ \boldsymbol{B} & \boldsymbol{R} \end{array} \right) \left(\begin{array}{c} \boldsymbol{v} \\ \boldsymbol{i} \end{array} \right) = \left(\begin{array}{c} \boldsymbol{C} \\ \boldsymbol{E} \end{array} \right) \tag{2.6}$$

となる.$\boldsymbol{G}$ はコンダクタンス行列,$\boldsymbol{C}, \boldsymbol{E}$ は電流源と電圧源,$\boldsymbol{v}, \boldsymbol{i}$ はノード電圧および電圧源に流れ込む電流を表す.この方程式を解くことで各ノード電圧 v_x と電圧源に流れ込む電流 i_p を求めることができる(シミュレータの世界では,境界条件となる電圧源・電流源は大文字で,変数となる各ノードの電圧・電流は小文字で書くのが習慣となっている).

コンダクタンス行列 $\boldsymbol{G}$ の対角要素 g_{ii} は i 番目の接点に接続されるすべての枝のコンダクタンスの和となり,対角線の外にある要素 g_{ij} は i 番目の接点と j 番目の接点を結ぶすべての枝のコンダクタンスの和にマイナスをつけることで

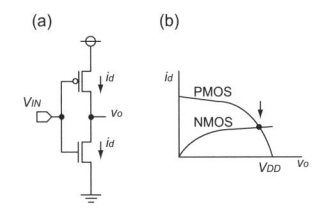

図 **2.2** 非線形の場合の動作点

得られる．電流源は右辺に来て，電流が流れ込むノードではプラス，電流が流れ出すノードではマイナスを付ける（この例では流れ出すノードは基準ノードなので式には表れていない）．さらに，電圧源がある場合には電源に流れ込む電流をプラスの方向として定義して，行および列を付け加える．

電流源とアドミッタンスのみであれば，左辺は 3×3 のアドミッタンス行列 × 電圧変数と右辺は電流源のみになるが，電圧源を含むために，4×4 の行列となって多少の修正が施されていることがわかる．この回路方程式のたて方を Modified Nodal Analysis と呼ぶ．

ここでのポイントは，回路のインピーダンスと接続情報がわかればこの行列をただちに機械的に書くことができるということ，そして，この方程式を解く（逆行列を求める）ことで各ノードの電圧・電流を求めることができるということであり，回路の特徴を解析しなくても波形を機械的に数値計算することができるという点で，普遍的なシミュレーション方法であると言うことができる．

非線形素子の場合

素子が線形の場合は $I=GV$ の関係が常に成り立つので式 (2.5) が常に成り立ち，それを解くことで電流・電圧を求めることができたが，非線形の場合はどうすればよいであろうか．たとえば図 2.2(a) において，$V_{DD}=1\,\mathrm{V}$, $V_{IN}=0.3\,\mathrm{V}$ のときの出力電圧 v_o はどうなるだろうか？

トランジスタのモデルが指定されているので，ドレイン電流の各端子電圧依存性がわかっている．つまり $I_D=f(V_G,V_D,V_S,V_B)$ の関数がわかっていて，なおかつ，その偏微分 $\frac{\partial I_D}{\partial V_G}, \frac{\partial I_D}{\partial V_D}, \frac{\partial I_D}{\partial V_S}, \frac{\partial I_D}{\partial V_B}$ がわかっている（解析式が与えられたら，それを解析的に偏微分するのは可能．SPICE では通常，モデル式と一緒に偏微分の式も持っている．ただし，偏微分に関しては解析式がなくても，たとえば

$$\left.\frac{\partial I_D}{\partial V_G}\right|_{V_{G0},V_{D0},V_{S0},V_{B0}} = \frac{I_D(V_{G0}+\delta V_G, V_{D0}, V_{S0}, V_{D0}) - I_D(V_{G0}, V_{D0}, V_{S0}, V_{D0})}{\Delta V_G} \tag{2.7}$$

として I_D の解析式から数値的に求めることも可能ではある).

図 2.2(a) においては PMOS/NMOS の V_G, V_S, V_B が固定なので v_o を変えた場合の PMOS/NMOS の電流が (b) のようになるとすると, v_o は 2 本の曲線の交点となる. これは PMOS と NMOS に流れる電流は等しいという出力ノードでの電流連続の式から明らかである. この交点の求め方であるが, モデルによって解析式が与えられているので, その方程式を解けばよい. たとえばドレイン電流の式が (1.4), (1.5) で与えられている場合, 2 次方程式となって解析的に解くことができそうであるが, BSIM などになってくると複雑すぎて解析的に解くことはほぼ不可能であろう. SPICE では計算機パワーをフル活用して数値的に解いている.

モデル式が与えられれば, 各ノード (D, G, S, B) の電圧を仮定すると電流 I_D とその偏微分 $\frac{\partial I_D}{\partial V_x}$ を計算することができる. この例の場合では, $V_{IN}=0.3\,\text{V}$, $V_{DD}=1\,\text{V}$ という境界条件が与えられており, まず, 出力電圧 v_o の初期値をあてずっぽうに v_k と仮定してみる (SPICE では最初にゼロと仮定することが多い). v_k のときの PMOS, NMOS に流れる電流の値 i_{pk}, i_{nk} は数値的に計算することができ, その点での微分値 $g_{pk} \equiv \left.\frac{\partial i_{dp}}{\partial v_o}\right|_{v_o=v_k}$ および $g_{nk} \equiv \left.\frac{\partial i_{dn}}{\partial v_o}\right|_{v_o=v_k}$ を計算することができる. そして, 図 2.3(a) に示すように, PMOS, NMOS の電流をその値を用いて, 電圧 v_k の周りで線形近似して $i_p = g_{pk}(v - v_k) + i_{pk}$, $i_n = g_{nk}(v - v_k) + i_{nk}$ とする. これはすなわち図 2.2(a) を図 2.3(b) に置き換えたことと同じであり, この回路は電圧源と電流源, 抵抗の回路であるため Modfied Nodal Analysis によって電流・電圧の値, すなわち, 図 2.3(a) における P_{k+1} 点の値を容易に求めることができる. v_{k+1} の周りで再び PMOS/NMOS 電流の式を線形化し, Modified Nodal Analysis で新たな点 P_{k+2} を求める. これを繰り返していき, P_n と P_{n+1} がほとんど動かなくなったらそこが最終的な収束値 v_{final} であり, 回路の出力電圧が計算できたことになる. この手法を Newton 法, もしくは Newton-Raphson (NR) 法と呼び, 非線形方程式の一般的な解法でもある.

ここでのポイントは, モデル式を用いてある電圧における電流および電流の偏微分値を計算することができるということ, および, ある電圧を仮定してその周りで線形化を繰り返すことによって目的地まで収束していくということであ

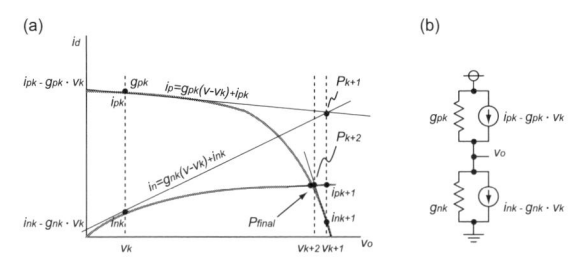

図 2.3 非線形素子の動作点の求めかた

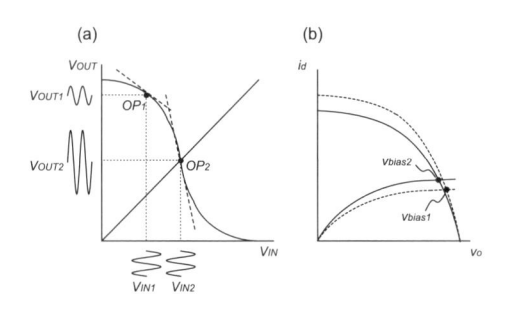

図 2.4 インバータの入出力特性

る．したがって，線形素子の回路では行列式を解くのは一度きりであったが非線形素子の場合は繰り返しの計算が必要となる．

また，図 2.4(a) の実線のようなインバータの入出力特性を求める際は，図 2.4(b) のように入力電圧 V_{IN} を少しずつ変化させながら出力電圧を探すことになる．たとえば，V_{IN}=0.3 V で出力電圧を求めた後，V_{IN}=0.31 V での出力電圧を求める際には，V_{IN}=0.3 V での解を初期値として用いることで，少ない繰り返し計算で最終点にたどり着くことができる．

2.1.2 AC 解析

インバータの入力電圧を $V_{IN} = 0.3 + 0.1\sin(2\pi ft)$ としたら出力電圧はどうなるであろうか．AC 解析では，まず DC 解析（OP: Operating Point 解析とも言う）を行い，V_{IN}=0.3 V での各ノードの電圧を求める．その後，そのバイアス点の周りでの各素子の微分インピーダンスを求めてから特性を計算する．すなわち，図 2.4(a) の点線のように，バイアス点の周りで特性を直線近似することになる．したがって入出力の利得は OP_1 の周りでは小さく，OP_2 の周りでは大きくなる．さらに注意すべきは，AC 解析は直線近似であって，入出力特

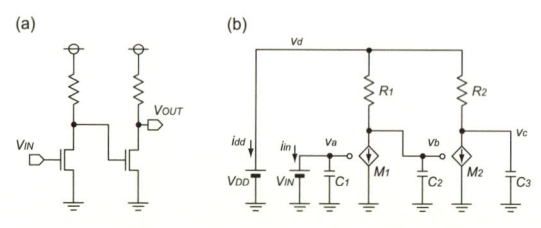

図 2.5 インバータチェインの等価回路

性の曲線をたどっているわけではないということである．たとえば V_{IN} を OP_2 の周りで振幅 $V_{DD}/2$ で振った場合，AC 解析での出力電圧は V_{DD} よりも大きい値を持つことになる．また，AC 解析での利得 v_{out}/v_{in} はバイアス点に依存するが，振幅には依存しない（AC 解析の小信号振幅は小文字で表現する．ノード電圧も小文字で表現するが，混乱しないこと）．

では周波数依存はどのように表現されるだろうか．1.2.2 項で学んだように，トランジスタ容量はバイアス電圧に依存する．すなわち，バイアス点での容量値を求めて $1/j\omega C$ のインピーダンスとして計算することになる．

図 2.5(a) の回路は，(b) の等価回路で表すことができる．簡単のためにトランジスタ容量は代表値として図中の容量 $C_1 \sim C_3$ として考えている（1.2.2 項で学んだように，実際には 1 つのトランジスタにつき 5 つの容量が付加される）．この回路を Modified Nodal Analysis で行列表現すると

$$\left(\begin{array}{cccc|cc} j\omega C_1 & 0 & 0 & 0 & 1 & 0 \\ g_{m1} & G_1+j\omega C_2+g_{d1} & 0 & -G_1 & 0 & 0 \\ 0 & g_{m2} & G_2+j\omega C_3+g_{d2} & -G_2 & 0 & 0 \\ 0 & -G_1 & -G_2 & G_1+G_2 & 0 & 1 \\ \hline 1 & 0 & 0 & 0 & 0 & 0 \\ 0 & 0 & 0 & 1 & 0 & 0 \end{array}\right)\left(\begin{array}{c} v_a \\ v_b \\ v_c \\ v_d \\ \hline i_{in} \\ i_{dd} \end{array}\right)=\left(\begin{array}{c} 0 \\ 0 \\ 0 \\ 0 \\ \hline V_{IN} \\ V_{DD} \end{array}\right) \quad (2.8)$$

となる．ここで

$$g_m = \frac{\partial I_D}{\partial V_G}, \qquad g_d = \frac{\partial I_D}{\partial V_D} \quad (2.9)$$

とした（このとき，トランジスタは電圧制御電流源として考えており，たとえばノード b から流れ出る電流として $g_{m1}v_a$ が加算され，行列の (1,2) 成分が g_{m1} となる．これは AC 解析に限らず，DC や過渡解析でも同様）．AC 解析では，バイアス点の周りで線形化して考えるので，この方程式を解いた答えが AC シ

ミュレーション結果となる．非線形性を考慮した繰り返し計算は行わない．また，この際の電圧源の値 (V_{DD}, V_{IN}) は AC 電圧を使用し，電源電圧のように一定の場合には AC 電圧はゼロとなり，電源電圧の依存性は DC バイアス点の計算および線形化の際にのみ使用される．また，周波数依存性は ω の値を変えるだけで得ることができる．

2.1.3 過渡解析

時間応答波形を求める．トランジェント (TRAN) 解析とも言う．まずは簡単な例として，図 2.6(a) に示す RC 回路の過渡応答 (b) を求めてみる．

解析解

流れる電流を I とすると

$$V_R + V_C = RI + \frac{1}{C}\int I dt = V_A \tag{2.10}$$

となるので，この式を微分して

$$R\frac{dI}{dt} + \frac{1}{C}I = 0 \tag{2.11}$$

が成立するので，変数分離して

$$\frac{dI}{I} = -\frac{1}{RC}dt \tag{2.12}$$

両辺を積分すると

$$\log_e I = -\frac{1}{RC}t + K \quad (K:積分定数) \tag{2.13}$$

あるいは

$$I(t) = ke^{-\frac{1}{RC}t} \quad (k = e^K) \tag{2.14}$$

となる．時間 $t = 0$ では容量には電荷がゼロだとすると，

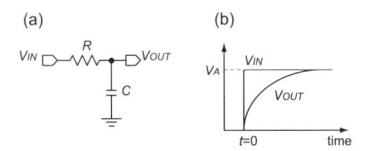

図 **2.6** RC 回路と過渡応答

であることから，電流は

$$I(t) = \frac{V_A}{R} e^{-\frac{1}{RC}t} \tag{2.16}$$

となる．出力電圧は

$$V(t) = V_A - RI(t) \tag{2.17}$$
$$= V_A \left\{ 1 - e^{-\frac{1}{RC}t} \right\} \tag{2.18}$$

となる．ここでは微分方程式を解いたが，ラプラス変換を用いても同じ結果になる．

ここでは微分方程式を解くことにより解析的に波形を求めたが，ご想像通り，この方法では複雑な解析式を持つトランジスタを含んだ回路方程式を解くことはできない．別の方法はないだろうか？

Forward Eular 法

さきほど RC 回路の過渡解析で微分方程式を解かなければならなかった理由は，容量に電荷がたまることにより電流値 $I(t)$ が時間変化したところにある．それでは，時間を h 毎に細かく区切って，その時間では一定電流 i_n が流れる，すなわち

$$v_{n+1} - v_n = \frac{1}{C} i_n \times h \tag{2.19}$$

と仮定したらどうであろう？　$t = 0$ では，容量の電圧はゼロなので，

$$i_0 = \frac{V_A}{R} \tag{2.20}$$

であり，$t = 1h$ での容量の電圧 v_1 は

$$v_1 = \frac{1}{C} i_0 \times h \tag{2.21}$$

となり，抵抗にかかる電圧が

$$V_A - v_1 \tag{2.22}$$

なので，流れる電流は

$$i_1 = \frac{V_A - v_1}{R} \tag{2.23}$$

$$I(t=0) = \frac{V_A}{R} \tag{2.15}$$

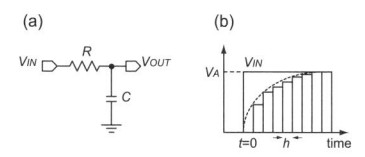

図 **2.7** Forward Eular 法

となって $t=1h$ での状態が計算できた．次の時間ステップに移ると，$t=2h$ での容量の電圧は

$$v_2 = v_1 + \frac{1}{C}i_1 \times h \tag{2.24}$$

となり，$t=1h$ での状態を用いて，$t=2h$ での状態も計算できる．

この手順を繰り返すことにより，任意時間における状態を計算することが可能である．ここでのポイントは，微小時間間隔 h の間には電流値は変化せず，したがって，抵抗にかかる電圧は $R \times I$，容量にたまる電圧は I/C として表され，理論過渡解析式に出てきた非線形な式を用いる必要がないということである．これにより，線形理論を適用することができ，単純かつ機械的な数値解析プログラムが可能となる．この方法を Forward Eular 法と呼ぶ．直感的には図 2.7 のように示すことができる．

ちなみに，

$$v_1 = \frac{1}{C}i_0 \times h \tag{2.25}$$

$$= V_A \frac{1}{RC}h \tag{2.26}$$

$$v_2 = v_1 + \frac{1}{C}i_1 \times h \tag{2.27}$$

$$= V_A \frac{1}{RC}h + V_A \frac{1 - \frac{1}{RC}h}{RC}h \tag{2.28}$$

$$= V_A \left\{ \frac{1}{RC}h + \left(\frac{1}{RC}h - (\frac{1}{RC}h)^2 \right) \right\} \tag{2.29}$$

となり，容量の電圧上昇が徐々にゆるやかになっていくことがわかる．h を小さくすると式 (2.18) と重なる波形を得ることができる．

Backward Eular 法

Forward Eular では時刻 $nh \sim (n+1)h$ の間は v_n で決まる i_n の電流が流れ続けると仮定したが，Backward Eular では v_{n+1} で決まる i_{n+1} の電流が流れ続けると仮定する．すなわち

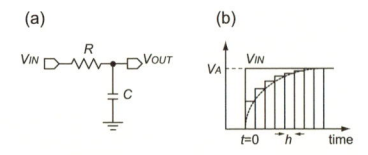

図 **2.8** Backward Eular 法

$$v_{n+1} - v_n = \frac{1}{C}i_{n+1} \times h \tag{2.30}$$

とする．やや不自然な感はあるが，実は Forward Eular よりも解析解に近い曲線が得られることがわかっている．直感的には図 2.8 のように示すことができる．

この式は

$$i_{n+1} = \frac{C}{h}v_{n+1} - \frac{Cv_n}{h} \tag{2.31}$$

と変形でき，t_n の状態がわかっていて t_{n+1} での状態を求める際には，容量 C を，$\frac{h}{C}$ の抵抗（$\frac{C}{h}$ のコンダクタンス）と $-\frac{Cv_n}{h}$ の電流源の並列接続素子に置き換えることで Modified Nodal Analysis を用いて解くことができる．

Trapezoidal 法

Backward Eular よりもさらに高精度で，SPICE で一般的に用いられているのが台形近似 Trapezoidal 法である．Trapezoidal 法では時刻 $nh \sim (n+1)h$ の間は v_n で決まる i_n の電流と v_{n+1} で決まる i_{n+1} の電流との平均の電流が流れると仮定している．すなわち，

$$v_{n+1} - v_n = \frac{1}{C}\frac{i_{n+1} + i_n}{2} \times h \tag{2.32}$$

となる．これは

$$i_{n+1} = \frac{2C}{h}v_{n+1} - \frac{2Cv_n}{h} - i_n \tag{2.33}$$

と変形でき，t_n の状態がわかっていて t_{n+1} での状態を求める際には，図 2.9(a)，(b) に示すように，容量 C を $\frac{h}{2C}$ の抵抗（$\frac{2C}{h}$ のコンダクタンス）と $-\frac{2Cv_n}{h} - i_n$ の電流源の並列接続素子に置き換えることで Modified Nodal Analysis を用いて解くことができる．直感的には図 2.9(c) のように示すことができる．

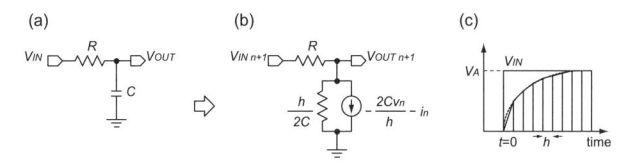

図 **2.9** Trapezoidal 法での等価回路

非線形回路の過渡解析

容量値が固定ではなく，バイアス電圧に依存する場合はどうなるだろうか．Trapezoidal 法では

$$v_{n+1} - v_n = \frac{\frac{i_{n+1}}{C_{n+1}} + \frac{i_n}{C_n}}{2} \times h \tag{2.34}$$

と書くことができ，これは

$$i_{n+1} = \frac{2C_{n+1}}{h}v_{n+1} - \frac{2C_{n+1}v_n}{h} - \frac{C_{n+1}}{C_n}i_n \tag{2.35}$$

となり（当然ながら式 (2.35) で $C_{n+1} = C_n = C$ とすると式 (2.33) に一致する），図 2.9 と同様に等価抵抗 $R_{eq} = \frac{h}{2C_{n+1}}$ と電流源 $I_{eq} = -\frac{2C_{n+1}v_n}{h} - \frac{C_{n+1}}{C_n}i_n$ の並列接続に置き換えることができる．たとえば容量が $C_{jo}\left(1 + \frac{v}{V_b}\right)^{-m}$ で表される場合，

$$G_{eq} = \frac{1}{R_{eq}} = \frac{2}{h}C_{jo}\left(1 + \frac{v_{n+1}}{V_b}\right)^{-m} \tag{2.36}$$

$$I_{eq} = -\left(\frac{2v_n}{h} + \frac{i_n}{C_n}\right)C_{jo}\left(1 + \frac{v_{n+1}}{V_b}\right)^{-m} \tag{2.37}$$

となる．v_n, i_n がわかっているので，等価コンダクタンス G_{eq} および等価電流源 I_{eq} は v_{n+1} に依存する非線形素子と考えることができ，DC 解析で行ったような Newton-Raphson 法を用いた偏微分による線形化を用いた Modified Nodal Analysis の繰り返し計算によって t_{n+1} での電圧・電流を計算することができる．

過渡解析フロー

上記は R, C の場合であったが，トランジスタの非線形素子を含む場合も，各タイムステップ毎の線形化による繰り返し計算によって計算することができる．すなわち，トランジスタを電圧制御電流源と 5 つの容量に置き換え，さらに電

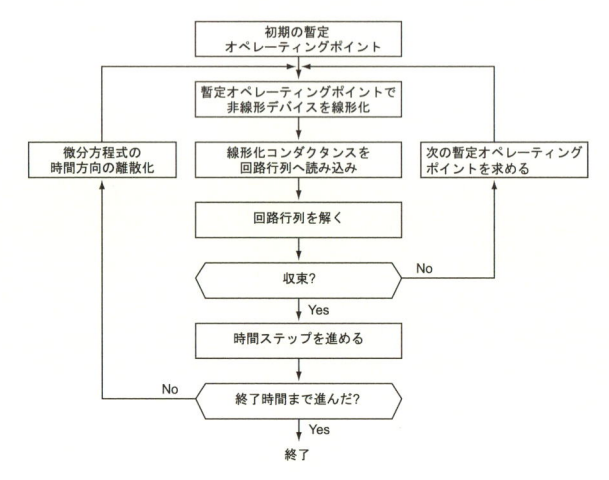

図 2.10 過渡解析シミュレーションフロー

圧制御電流源は図 2.3(b) 示すような抵抗（コンダクタンス）と電流源に置き換えたり，容量は図 2.9(b) に示すような抵抗（コンダクタンス）と電流源に置き換えるなどしながら，図 2.10 に示すフローで電圧・電流波形を計算している．

2.1.4 ハーモニックバランス解析

HB 解析とも言い，AC 解析と過渡解析の中間的な性質を持つ．これは，代表的な周波数 (f_0) とその高次の周波数 (Nf_0) に特化したシミュレーションである．AC 解析と同様に，その周波数で定常的に動作している状態での波形を示すが，AC 解析とは違って素子の非線形性をも考慮した結果を表す．

特に RF 回路のシミュレーションで多用される．たとえば，ミキサ（掛け算）回路の入力に 1 GHz(f_1) と 999 MHz (f_2) の信号を入力すると，その差分である 1 MHz のビートが発生する．これを過渡解析でシミュレーションする場合は，1 GHz の波形がきれいに見える数 ps のタイムステップで 1 μs まで解析してようやくビート 1 周期分の波形が得られるが，このような場合にハーモニックバランスを使うことで $Mf_1 + Nf_2$ の各周波数成分の大きさと位相を，素子の非線形性を含めて高速に計算することができる．

2.1.5 各解析方法の特徴と比較

インバータにおいて，バイアス点 OP の周りに sin 波を入力した場合の各解

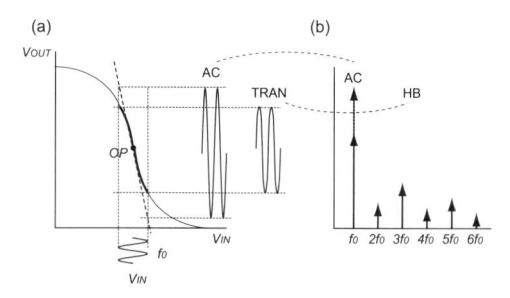

図 **2.11** 各解析方法の比較

析方法毎の出力波形を図2.11に示す．これらの違いを正しく理解し，最適な解析方法を使い分けながら設計を進める必要がある．

DC 解析
- 定常状態を計算する．
- 容量はオープン，インダクタはショート．
- トランジスタはモデル式を正確になぞる．
- 非線形素子のシミュレーションでは，繰り返し計算が必要．

AC 解析
- 周波数依存性を計算する．
- DC解析でバイアス点を求め，AC解析中は，バイアス点周りで線形化した特性のみを考慮．非線形性は持たないと仮定するため，利得は入力電圧振幅の大きさに依存しない（もちろん，バイアス点には依存する）．
- 容量は $1/j\omega C$ のインピーダンスとして扱う．
- バイアス点周りで線形化するために非線形性は持たず，繰り返し計算は必要ない．
- 特性の周波数依存性は，容量（トランジスタのPN接合容量を含む）のインピーダンス $1/j\omega C$ の変化のみを反映する．

TRAN 解析
- 時間応答波形を計算する.
- タイムステップ間では一定電流が流れると仮定 (quasi-static) する.
- 非線形素子を含む場合は,各タイムステップ毎に繰り返し計算が必要.

HB 解析
- 指定周波数で定常的に動作している状態での波形を,指定した周波数およびその整数倍の周波数のみのを考慮して計算する.高調波の次数は設計者が指定する.

2.2 高速 SPICE

精度を多少落としてでも高速なシミュレーションを行いたい場合に,高速 SPICE と呼ばれるシミュレータを使う.Synopsys 社の Nanosim や XA,Cadence 社の Ultrasim などが代表的なものである.高速化手法としては

- パーティショニング
- イベントドリブンシ
- タイムステップ制御
- モデルの単純化
- 精度の自動判定および指定

が挙げられる.

2.2.1 パーティショニングとイベントドリブン

図 2.12(a) のような 5 段のインバータチェインのシミュレーションを考える.IN の電圧が変化すると n_1 の電圧が変化するが,INV_3, INV_4, INV_5 の回路状態は n_1 の変化に影響を与えるだろうか.前章で学んだように,INV_2 のトランジスタが線形領域にあるか飽和領域にあるかは n_2 の電圧に依存するため,INV_2

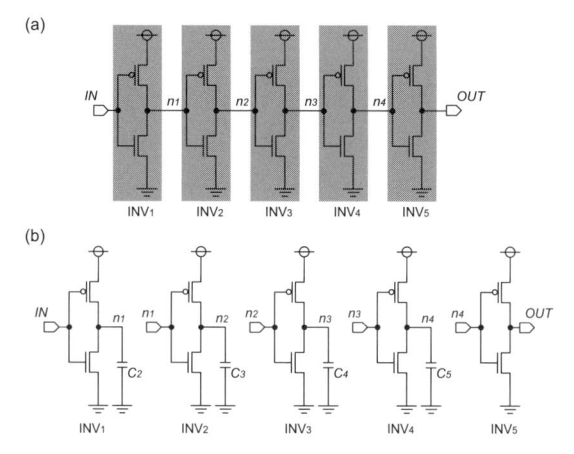

図 2.12 5段インバータチェイン回路のパーティショニング

のゲート入力容量は n_2 の電圧に依存する．同じ理由で n_2 の電圧変化は n_3 の電圧に依存し，したがって n_4 の電圧に依存し... ということになるが，直観的にもわかるように n_1 の変化は n_3, n_4 の変化にはほとんど依存しないであろう．おそらく，INV$_3$ のゲート入力容量を $V_{n_2} = V_{DD}/2$ のときの値 C_3 に固定して INV$_1$, INV$_2$, 固定容量 C_3 のみでシミュレーションすれば十分な精度が得られるであろう．場合によっては図 2.12(b) のように INV$_1$, 固定容量 C_2 のみでシミュレーションすれば n_1 の電圧変化シミュレーションとしては十分な精度とみなせる場合もある．これで n_1 の電圧変化がわかったので，それを入力として，INV$_2$ と C_3 でシミュレーションを行い n_2 の電圧変化波形を求める．それを入力波形として INV$_3$ と C_4 でシミュレーションして... とすることで，5段インバータの入力から出力までの全ノードの電圧波形を求めることができる．

このようにして回路を分割することをパーティショニングと言う．またこの例では n_1 が変化した場合に INV$_2$ のシミュレーションを行い，n_3 が変化した場合に INV$_3$ のシミュレーションを行う，といった具合に，分割されたブロック毎に入力に変化が起こった時間にのみシミュレーションすることになり，これをイベントドリブンと言う．

シミュレーションにかかる時間としては，5段のインバータ回路を同時に解くよりも，1段の回路を5回シミュレーションする方が速い．式 (2.5) からもわかるように，回路方程式をたてる際の行列の大きさはノード数の2乗に比例するため，素子数が 1/5 になると行列の大きさは 1/25 となり，逆行列の求め方に

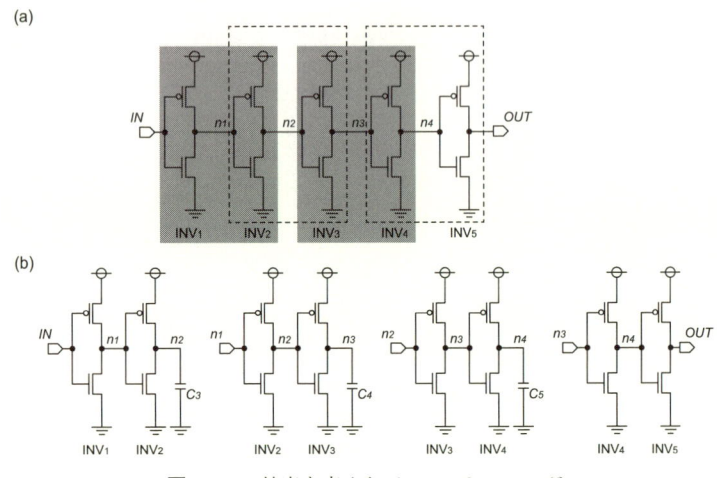

図 2.13 精度を高めたパーティショニング

もちろん依存するが，逆行列を求める際の演算量は 1/125 となる．これを 5 回繰り返したとしても，トータルの演算量は 1/25 となり，25 倍の高速化が実現される．

メモリ回路の読み出しのように，大部分の回路は休んでいて一部の回路のみが動作するようなケースでは，一部のパーティションのみがイベントドリブンで計算されることになり，劇的にシミュレーション速度が向上することになる．

図 2.13 に精度を高めるためのパーティショニング方法を示す．この例では，1 段目の n_1 変化を計算する際に INV_3 の動作は無視するが INV_2 の状態はきちんと考慮される．ここで計算した n_2 の結果は捨ててしまい，より正確に計算された n_1 波形を入力として次段の INV_2, INV_3 を用いて n_2 を計算する．その n_2 を用いて…とすることで，2 つ先のインバータは固定容量と考えるが，1 つ先のインバータはバイアス状態をきちんと考慮することで，図 2.12 で計算したときよりも計算時間が多少は増えるが，より正確なシミュレーションとなる．通常の高速 SPICE では，精度指定に応じてパーティショニング方法を変えてくれる．

2.2.2 パーティショニングできない回路

パーティショニングによってシミュレーションの高速化が可能になることがわかるが，パーティショニングがうまくいかない回路もある．たとえば図 2.12

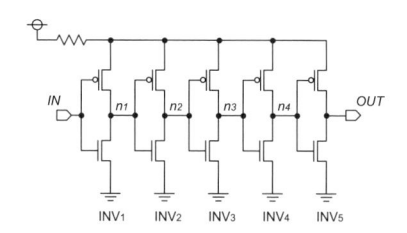

図 2.14 パーティショニングできない例

においては INV_1 と INV_4 の動作は瞬間的には無関係であることからパーティショニングすることができたが，図 2.14 ではどうであろうか．この場合，たとえば INV_4 が動作すると回路全体の電源電圧が変動して INV_1 の動作に影響を与えるため，パーティショニングすることができない．このような場合に，電源電圧は常に一定として無理矢理パーティショニングして電圧・電流波形を計算し，その電流値から電源電圧変動を計算するオプションがあるが，動作速度の計算に電圧降下が考慮されておらず正確なシミュレーションではないし，インピーダンスによっては電源電圧がマイナスになるといった非現実的な結果になることもある．高速 SPICE にもこのような限界があることを意識しながら正しく使用すること．

2.2.3 タイムステップ制御

過渡解析においてはタイムステップの決め方にもテクニックがある．電圧が変化しない，もしくは緩やかに変化する場合にはタイムステップを広げ，急激に電圧が変化する場合にはタイムステップを細かくする．通常，シミュレータではある程度自動的にタイムステップを制御している．パーティショニングとイベントドリンブンによって，動作が起こったパーティション（回路ブロック）のみをシミュレーションするが，変化の激しいパーティションと変化の緩やかなパーティションがある場合には，図 2.15(a) に示すように変化の緩やかなパーティションではタイムステップを広げるなど，パーティション毎に最適なタイムステップ制御をすることでさらに計算量を減らしている．パーティショニングしない場合には，1 ヵ所でも急激な変化があるとタイムステップを短くするので (b) のようなタイムステップ制御となる．これらを比較すると，パーティショニング毎のタイムステップ制御が有効であることが直観的にもわかる．

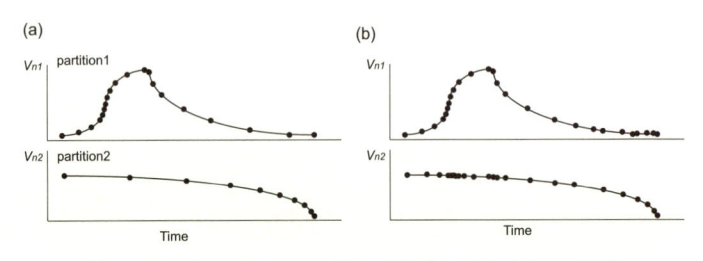

図 2.15 パーティションごとに異なるタイムステップ制御

2.2.4 モデルの単純化

たとえば BSIM4 モデルでは，解析式がものすごく複雑であり，電流値の計算に多くの時間がかかっている．精度を多少犠牲にしつつ解析式を単純化することで電流値の計算時間を節約するなどしている．また，あらかじめトランジスタ毎に I–V のテーブルを作成しておき，電圧から電流値を解析式で計算するのではなく，テーブルから引いてくることで計算時間の節約にもなる．ただし，テーブル参照はテーブルが膨大になることがあり，使用されないこともある．

2.2.5 精度の指定および自動判定

ロジック回路では高い精度は必要なく，アナログ回路では高い精度が必要になることが多い．高速 SPICE ではロジック回路かアナログ回路かをネットリストから自動的に判別し，適切な精度を決めてくれる（もちろん，それを上書きするように回路設計者がブロック毎に精度を指定することも可能である）．また，タイムステップ間隔やモデルの単純化程度，さらにはパーティショニングの細かさ（細かくパーティショニングするほど精度を落として高速になる）などもある程度自動で決めてくれる．

通常の SPICE では図 2.16(a) のように常に回路全体をシミュレーションしており，回路の一部分が動作すれば回路全体がそのタイムステップに律速され，回路規模に相当する大きな行列式を解く必要があるのに対して，高速 SPICE では，(b) のように動作中の回路のみをシミュレーションしており，そのタイムステップも必要に応じた最適値に制御され，小さい行列式を解いている．これらの組み合わせで高速なシミュレーションが可能となっている．

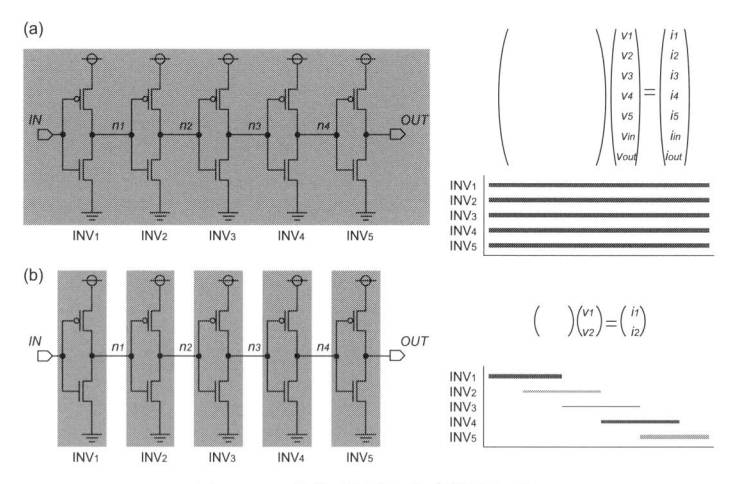

図 2.16 通常 SPICE と高速 SPICE

2.3 簡易 HSPICE マニュアル

ここでは，Synopsys 社の HSPICE を例にとって，シミュレーションを流す際の「ネットリスト」と基本的なコマンドについてまとめておく．Nanosim/XA にもほとんどそのまま適用できる．

また，入力ファイルにおいては，LSI 化される回路そのものと，入力電圧・温度・解析方法や各種オプションなどのシミュレーション条件を記入するファイルは，まったく別物として扱うべきである．

2.3.1 基本的なこと
- ネットリストではすべての素子およびすべてのノードに名前が付けられている．
- ノード 0 は常にグランド電位となる．
- 1 行あたりに 1 素子，もしくは 1 コマンドを記述する．ファイル上で行を連結したい場合は行頭に + を付ける．
- 行の * および $ より後ろはコメントとなる．

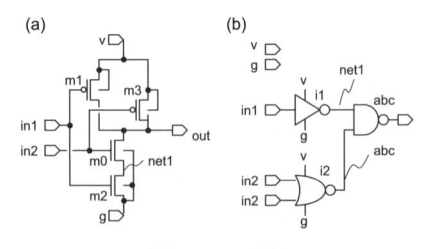

図 2.17 回路

- 大文字，小文字は区別しない（N1 と n1 は同一ノードとみなす）．

- 最初の1文字が素子の種類を表す．

- 最初が．（ドット）で始まる行はコマンド．

- .param コマンドを用いて，値をパラメータ化できる．

2.3.2 素子の定義

まずは回路情報（トランジスタの L, W や，その接続情報）を記述したネットリストを作成する．通常は回路図エディタが回路部分のネットリストを生成してくれるので知らなくてもなんとかなるのだが，知っておくと便利な場合もあるし，回路設計者としては知っておくべきである．

トランジスタ

$\text{M}instName\ D\ G\ S\ B\ modelName\ \text{L}=length\ \text{W}=width\ [\text{M}=multi\ \text{AD}=drainArea$
$...]$

行頭が "M" で始まる行は MOS トランジスタ素子であると解釈される．行頭の2文字目からは独立に名前を付ける．MOS トランジスタは4端子であり，D，G，S，B の順番でノードの名前を付ける（D と S はひっくりかえっていても問題ない）．続いてモデル名，$L=$，$W=$，$M=$，$AD=$，$AS=...$ などと続く．モデル名はたとえば 1.2.3 項の例では NLP などとなる．図 2.17(a) の例ではネットリストは以下のようになる．素子を書く順番は（m0 の行と m1 の行を入れ替えても）結果に影響しない．

```
m0 out in2 net1 g NLP L=180e-9 W=2e-6 M=2
```

```
m2 net1 in1 g g NLP L=180e-9 W=2e-6 M=2
m1 out in1 v v PLP L=180e-9 W=5e-6
m3 out in2 v v PLP L=180e-9 W=5e-6
```

サブサーキット化

```
.SUBCKT subcktName nodeName1 nodeName2 ...
    ...
.ENDS subcktName
```

まず，回路ブロックをサブサーキット化するのに .SUBCKT 記述を用いる．図 2.17(a) の NAND 回路をサブサーキット化するには

```
.subckt NAND2 g in1 in2 out v
m0 out in2 net1 g NLP L=180e-9 W=2e-6 M=2
m2 net1 in1 g g NLP L=180e-9 W=2e-6 M=2
m1 out in1 v v PLP L=180e-9 W=5e-6
m3 out in2 v v PLP L=180e-9 W=5e-6
.ends NAND2
```

として，g, in1, in2, out, v という 5 端子を持つ NAND2 というサブサーキットを定義する．

サブサーキットのインスタンス

```
XinstName nodeName1 nodeName2 ... subcktName
```

行頭 "X" で始まる行はサブサーキットブロックであると解釈される．ノードの名前は .SUBCKT で定義したノード名の順番で参照される．

たとえば g, in1, in2, out, v という 5 端子の NOR2 と g, in, out, v という 4 端子の INV サブサーキットがあるとすると，図 2.17(b) は以下のように表すことができる．

```
Xi1 g in1 net1 v INV
Xabc g net1 abc out v NAND2
Xi2 g in2 in3 abc v NOR2
```

ネットリストから判断できるので，インスタンス名とノード名は同じであってもよい．

抵抗

 R*instName nodeName1 nodeName2 rVal* [modelName]

行頭が "R" で始まる行は抵抗素子であると解釈される．抵抗値が温度や電流量に依存する抵抗モデルを使用する場合は *modelName* にモデル名を記述するが，省略すれば $V = IR$ の関係をもつ単純な抵抗素子となる．

容量

 C*instName nodeName1 nodeName2 cVal* [modelName]

行頭が "C" で始まる行は容量素子であると解釈される．容量値が温度や電圧に依存する容量モデルを使用する場合は *modelName* にモデル名を記述するが，省略すれば $V = \frac{1}{C} \int I dt$ の関係をもつ単純な容量素子となる．

インダクタ

 L*instName nodeName1 nodeName2 lVal* [modelName]

行頭が "L" で始まる行は容量素子であると解釈される．インダクタ値が温度や電圧に依存するインダクタモデルを使用する場合は *modelName* にモデル名を記述するが，省略すれば $V = L\frac{dI}{dt}$ の関係をもつ単純なインダクタ素子となる．

2.3.3　電圧源と電流源

回路図上にシンボルとして置くこともあるが，実際のチップに対して外から与える信号となるため，シミュレーションの条件として扱い，回路図とは別にすべきである．ここから先は，回路図エディタから出力される回路情報とは別に，テキストファイル等を直接編集しながらシミュレーション条件を指定するための必要知識となる．

電圧源

 V*instName nodeName1 nodeName2* [etc...]

2.3 簡易 HSPICE マニュアル

行頭が "V" で始まる行は電圧源であると解釈される．電圧源にはいろんな種類があり，また，DC, AC, TRAN シミュレーションで別々の機能を持たせたりすることができる．

```
.param mvdd = 1.8
.param v1 = 0
.param v2 = mvdd
.param tdelay = 1n
.param tr = 100p
.param tf =  90p
.param freq = 100MEG
.param period = '1/freq'
.param voffset = 'mvdd/2'
.param vamp = 0.1
.param time1 = 0
.param time2 = 1n
.param time3 = 1.5n
.param volt1 = 0.2
.param volt2 = 0.8
.param volt3 = 1.0

Vgnd gnd 0 DC 0
Vdd vdd gnd DC mvdd
Vdd1 vdd1 gnd DC 2.0
Vinp inp gnd DC 'mvdd/2' AC 1 0
Vinn inn gnd DC 'mvdd/2' AC 1 180
Vin1 in1 gnd DC 1.8 AC 1 PULSE(v1 v2 tdelay tr tf pw period)
Vin2 in2 gnd SIN(voffset vamp freq tdelay)
Vin3 in3 gnd DC mvdd PWL(time1 volt1, time2 volt2, time3 volt3)
```

HSPICE ではノード名 0 が絶対グランドとなる．Vgnd ... の行で gnd ノードをノード 0 とショート（0 V で接続）させている．

この例ではほとんどの値を .param として変数を定義してそれを使用している．実際にシミュレーションを行う際はこうしておくと便利であるが，Vdd1 ...

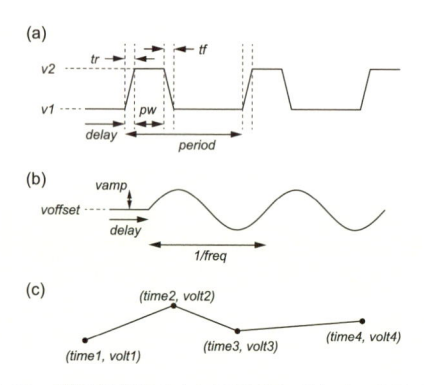

図 **2.18** 電圧源波形：(a) PULSE, (b) sin, (c) PWL.

行のように値を直接書き込んでもよい．

`Vdd` は 1.8 V の電源．`Vinp`, `Vinn` は DC および過渡解析では 0.9 V の電圧源となり，AC 解析では振幅 1 V の相補入力となる．`Vin1` は DC 解析では 1.8 V の定電圧源，AC 解析ではバイアス 1.8 V，振幅 1 V，位相ゼロの sin 波電圧源，TRAN 解析では図 2.18(a) に示すような 0 から 1.8 V で振れる台形波となる．`Vin2` は TRAN 解析では図 2.18(b) に示すように 0.9 V を中心に振幅 0.1 V で振れる sin 波．`Vin3` は TRAN 解析では図 2.18(c) に示すように (`0s`, `0.2V`)，(`1ns`, `0.8V`), (`1.5n`, `1.0V`) の点を直線でつなげた波形を持つ電圧源となる．PWL で定義する点の数に制限はない．

他にもいろんな種類の電圧源があるので，必要に応じてシミュレータ付属のマニュアルを参照してほしいが，ほとんどの場合はこの程度で足りるハズ．

電流源

I*instName nodeName1 nodeName2* [etc...]

行頭が "`I`" で始まる行は電流源であると解釈される．基本的に電圧源と同様に DC, AC, SIN, PULSE, PWL などが使える．

2.3.4 シミュレーションの種類

DC 解析

.DC V*instName* from*Vol1* to*Vol1* step*Vol1* V*instName2* from*Vol2* to*Vol2* *stepVol2* ...

HSPICE での出力波形ファイルは ***.dc0 となる.

DC 解析では,入力電圧をスイープしながら出力電圧の変化を計算させることが多い. .DC コマンドで,どの電圧をどのようにスイープするかを指定する.V*instName1* の電圧源を *fromVolt* から *toVolt* まで *stepVol* ステップでスイープしながら繰り返し DC 解析を行う.また,二重,三重のスイープが可能である.V_D 0.01 V ステップでの $I_D - V_D$ 曲線を V_G 0.1 V ステップで変えながら複数本得るためには

```
.DC VD 0 mvdd 0.01  VG 0 mvdd 0.1
```

とすればよい.

AC 解析

.AC [DEC|LIN] *numOfPoints fromFreq toFreq*

HSPICE での出力波形ファイルは ***.ac0 となる.

AC 解析での入力信号は電圧源の記述 V*** に含まれているので,.AC コマンドでは計算すべき周波数を与えることになる.

```
.AC DEC 10 1K 10G
```

とすると,1 K [Hz] から 10 G [Hz] まで log スケールで等間隔に周波数をスイープし,1 桁当たりに 10 ポイントの周波数を計算する.

過渡解析

.TRAN *timeStep endTime*

HSPICE での出力波形ファイルは ***.tr0 となる.

過渡解析では,基本的なタイムステップと終了時間を与える.タイムステップの 1 つの目安として CLK の 1/100 〜 1/1000 程度とするとよい.ここで指定するタイムステップはあくまで目安であり,細かいところはシミュレータが適切にコントロールしてくれる.

ハーモニックバランス解析

　.HB TONES=$freq$ NHARMS=$numOfHarms$

HSPICE では実行できず，HSPICE-RF が必要．出力波形ファイルは ***.hb0 となる．

入力する基本周波数 (TONES) と，考慮すべき高調波の次数 (NHARMS) を指定する．

　.HB TONES= 100MEG NHARMS= 8

とすると，100 MEG の入力に対して，回路の非線形性によって生じる 100 MEG, 200 MEG, ..., 800 MEG という 8 次高調波までを計算する．

2.3.5　ファイルのインクルードとライブラリ

　.include "$dirName/fileName$"
　.lib "$dirName/libraryFileName$" $libName$

シミュレーション用のネットリストは複数のファイルに分割して作成し，それらを結合させることで 1 つのネットリストとすることが多い．.include コマンドで指定したファイルを挿入する．基本的に HSPICE ではファイル内部はすべて小文字に変換されるが，.include 行のダブルクオーテーションで囲まれた部分だけは大文字と小文字を区別してくれる．

通常，SPICE パラメータファイルは SPICE シミュレーションコントロールのファイルやネットリストとは別ファイルで支給されるため，その SPICE パラメータファイルをインクルードして使用する．このとき，1.2.3 項で説明したように，パラメータがプロセスコーナ毎に別ファイルのライブラリとして定義されていることがある．そのような場合，SPICE パラメータファイルをインクルードするのに続いてライブラリが記述されているファイルとそのライブラリ名を .lib コマンドで指定する．たとえば 1.2.3 項のように NT などのライブラリ名の場合には

　.include "../rules/vdec1.par"
　.lib "../rules/vdec1.lib" NT
　.lib "../rules/vdec1.lib" PF

とすると，../rules/vdec1.par の SPICE パラメータファイルをインクルードし，../rules/vdec1.lib ファイルに定義されてある NT および PT というライブラリ（プロセスコーナ条件）を使ってシミュレーションする．

SPICE パラメータファイルの中にプロセスコーナライブラリが含まれている場合がある．そのような場合は .include は不要で，.lib の行のみを用いればよい．

2.3.6 オプションと .MEASURE 文など

オプション

主要なコマンド以外にも，さまざまなオプションがある．以下，主要なものとして

.OPTION POST <=2>	波形ファイルを出力する．=2 とすると，出力波形ファイルをバイナリではなく ASCII テキストで出力．（デフォルトは 1 のバイナリ出力）
.OPTION POST_VERSION=2001	出力波形ファイルの有効桁数を 5 桁から 7 桁にする．特に細かいタイムステップでシミュレーションする場合の，時間の有効桁数を増やす場合に使用することが多い．
.OPTION PROBE	波形出力するノードを .PROBE で指定したノードのみに限定する．HSPICE では .OPTION POST で全ノードを出力するが，Nanosim ではこのオプションと下記の .PROBE とをセットで使用する必要がある．
.PROBE V(*nodeName*) I(*instName*)	オプションで .OPTION PROBE を指定したときに，波形ファイルに出力すべきものをリストアップする．Nanosim では .OPTION PROBE とセットで使用する

必要がある. *nodeName, instName* にはワイルドカード * も使用可能. .probe V(out*) V(Xinst1.int*) I(V*) など.

.OPTION POSTTOP <=*N*
SUBCKT 階層のトップから *N* 段目までのノード波形を出力する. POSTTOP=1 では最上層のノードのみを出力する. ただし .OPTION PROBE と併用はできない. .OPTION PROBE と同時に指定すると .OPTION PROBE が優先される.

.OPTION POSTLVL <=*N*
SUBCKT 階層の *N* 段目のみのノード波形を出力する. これも .OPTION PROBE と併用はできない. .OPTION PROBE と同時に指定すると .OPTION PROBE が優先される.

.OPTION ACCURATE
収束判定条件などを厳しくして, より正確な値をシミュレーションする. シミュレーションにかかる時間は長くなる.

.OPTION RUNLVL=*N*
収束判定条件の厳しさを制御してシミュレーション時間と精度をコントロールする. *N* は 1〜6 の値を取り, 1 が最速, 6 が最高精度. デフォルトは 3.

.OPTION MTTHRESH=*number*
複数 CPU を使ってシミュレーションをするようにコマンドラインから指定した際に, 素子数がここで指定した数よりも少ない場合は 1 CPU で実行する. デフォルトは 16.

Analog Artist 用オプション
HSPICE シミュレーションで得られた波形を Cadence 社の Analog Artist でクロスプロービングする際には .OPTION

INGOLD=2 ARTIST=2 PSF=2 HIER_DELIM=1 とするとよい.

などが挙げられる.

.MEASURE 文

シミュレーションをした場合に，たとえばリングオシレータの発振周波数を知りたい，とか，入力から出力までの遅延を知りたい，などの場合がある．オペアンプを設計するときのユニティゲイン周波数や位相余裕であったり，バンド幅なども知りたくなるであろう．これらは波形ビューア上でマーカーを使いながら観測するのが常套手段ではあるが，あらかじめコマンドを与えておくとシミュレータ自身がシミュレーションしながら測定して値を返してくれる．私がよく使う .MEASURE 文を以下に挙げておく.

```
.MEASURE TRAN charge INTEG I(VOUT)
.MEASURE TRAN upwidth TRIG V(UP) VAL='mvdd/2' RISE=1 TARG V(UP)
+    VAL='mvdd/2' FALL=1
.MEASURE TRAN dnwidth TRIG V(DN) VAL='mvdd/2' RISE=1 TARG V(DN)
+    VAL='mvdd/2' FALL=1
.MEASURE TRAN level FIND V(n5) AT=5m
.MEASURE TRAN _tranVdiffF PP V(OUTTRAN)
+    FROM='td+period' TO='td+period*2+td'
.MEASURE TRAN _tranVminF MIN V(OUTTRAN)
+    FROM='td+period' TO='td+period*2+td'
.MEASURE TRAN _tranFstart WHEN V(OUTTRAN)=
+    '_tranVminF+0.9*_tranVdiffF' TD='td+period' FALL=1
.MEASURE TRAN _tranFend WHEN V(OUTTRAN)=
+    '_tranVminF+0.1*_tranVdiffF' TD='td+period' FALL=1
.MEASURE TRAN slewF PARAM='_tranVdiffF*0.8/(_tranFend-_tranFstart)'

.MEASURE TRAN _tranDelayR TRIG V(OUTTRAN)
+    VAL='_tranVminR+0.1*_tranVdiffR' TD='td+period' RISE=1
+    TARG V(OUTTRAN) VAL='_tranVminR+0.9*_tranVdiffR' RISE=1
.MEASURE TRAN slewR PARAM='_tranVdiffR*0.8/_tranDelayR'
```

```
.MEASURE DC outVoltRange PP par('V(OUTDCAC)') FROM='0.0' TO='mvdd'
.MEASURE DC idd      FIND par('-I(VV)') AT='mvdd/2'
.MEASURE DC offset   FIND V(INDCAC, OUTDCAC) AT='mvdd/2'

.MEASURE AC gain FIND Vdb(OUTDCAC) AT=1k
.MEASURE AC phaseMargin FIND par('180+Vp(OUTDCAC)')
+    WHEN Vdb(OUTDCAC)=0
.MEASURE AC unitGainFreq WHEN Vdb(OUTDCAC)=0
.MEASURE AC cmrr FIND par('Vm(OUTCMRR)/Vm(OUTDCAC)') AT=1k
.MEASURE AC psrr FIND par('Vm(OUTPSRR)/Vm(OUTDCAC)') AT=1k
```

その他のよく使うコマンド

.IC V(*nodeName*)=*volt* 初期条件（TRAN シミュレーションの t=0 での値）としてノードの電圧を指定する．リングオシレータのシミュレーションではどこか 1 つのノードでこれを指定しないと全ノードがハーフ V_{DD} のメタステーブル状態になって発振しない．

.PARAM *varName* = *val* 電圧源の入力電圧や周波数，トランジスタの L，W などを指定する際にパラメータとして指定する．たとえば

```
.param mvdd = 1.8
.param trtf = 100p
.param freq = 100MEG
.param period = '1/freq'
Vin in gnd PULSE(0 mvdd 0 trtf trtf
 'period/2-trtf' period)
```

パラメータを演算する場合はシングルクオテーション ' で囲むこと．

.vec "*fileName*"	入力波形の形状を 0, 1 のベクトルファイルとして与えることができる．通常の入力ファイルにたとえば .vec "aaa.vec" の行を加え，aaa.vec の中身を

```
RADIX 1111
IO    IIII
VNAME BIN_2 BIN_1 INPUT CTRL
TUNIT ns

VIH 1.2
VIL 0
SLOPE  0.01
PERIOD 1

0011
1011
1000
0011
1000
1011
```

とすれば，BIN_2, BIN_1, INPUT, CTRL という名前の電源に接続された端子が定義され，1.2 V と 0 V を立ち上がり・立ち下がり 10 ps で 1 ns ごとに遷移する入力波形が生成される．

コマンドラインオプション

-i *fileName*	入力ファイル名を指定．
-o *dirName*	出力ファイルのディレクトリを指定．
-mt *N*	マルチコアを使ったシミュレーションでコア数を指定．ただし，その分，ライセンス数も占有してしまう．

-hpp（2010.03.SP-2 以降）通常よりも高速化されたアルゴリズムを使用する．さらにマルチコアにも最適化されており，コア数が増えても計算効率が飽和しない．ただし，余分にライセンス数を占有してしまう．

私が普段使用しているマシンは Quad Core なので

```
% hspice -hpp -mt 4 -i fileName.sp
```

を標準的に使用している．

第3章
レイアウトとその検証

　回路設計が終わると，続いてレイアウト設計に入る．分厚いレイアウトマニュアルを渡されて，「じゃ，次はレイアウトね」なんて気軽に言われてしまう．創造力はあまり必要ではないが，地道で粘り強い作業が要求され，また，設計サイクルの中で最も時間のかかるメンドウなステップでもある．そして，作ったチップがキチンと動作するか失敗するかは，このステップにかかっていると言っても過言ではない重要な作業である．

3.1　LSI 製造の基本プロセス

　レイアウトを進めるにあたっては，まず LSI の 3 次元構造とその製造プロセスを知っておく必要がある．製造プロセスは大きく分けて，フォトリソグラフィー，成膜，不純物導入，不要部分の除去のプロセスがある．

3.1.1　LSI の 3 次元構造
　図 3.1(a) に LSI の 3 次元構造と，(b) に詳しい断面図を示す．シリコン表面の薄いゲート酸化膜上にポリシリコンによるゲートが形成され，ソース・ドレインとなるイオン打ち込みや，ソース・ドレイン・ゲートの抵抗を下げるためのシリサイド，トランジスタ端子と接続するコンタクトホール，金属配線，配線どうしを縦につなぐビアホールなどを形成して最終的な LSI 回路が製造される．

3.1.2　フォトリソグラフィー

基本原理
　LSI の製造過程では，図 3.1 に示す 3 次元構造を下から積み上げるように作っ

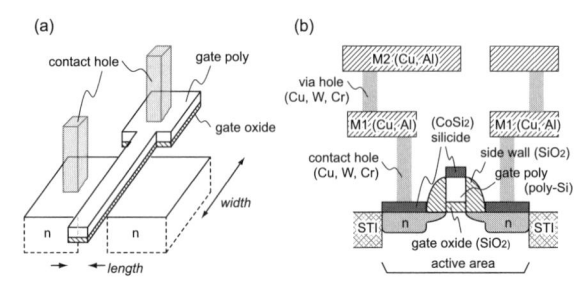

図 3.1 トランジスタの構造

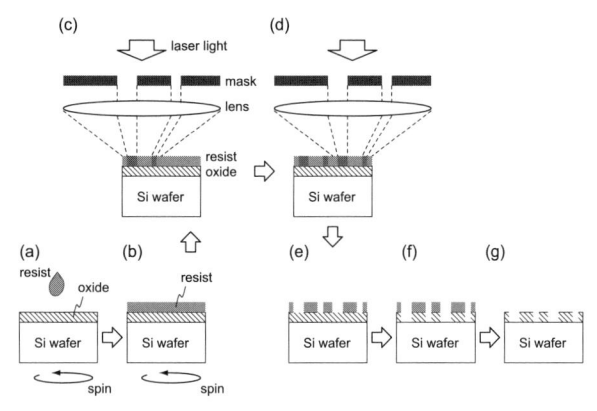

図 3.2 製造工程：(a)(b) レジスト塗布，(c)(d) フォトリソグラフィー，(e) 現像，(f) エッチング，(g) レジスト除去．

ていく．たとえば，部分的に酸化膜を形成するプロセスを図 3.2 に示す．(a) シリコンウェハを高速回転させながらレジスト液をぽたっと落とし，(b) 遠心力を利用してウェハ上に薄いレジストの膜を作る．(c) 設計パターンを描画したマスクにレーザ光を照射し，レンズでウェハ上に集光することで，マスクパターンを縮小した微細パターンが照射される．(d) これをウェハを動かしながらウェハ一面に繰り返しパターンを書き込む．(e) レジストは光の当たった部分だけ変質するため，その部分だけ（もしくは光が当たらなかった部分だけ）を選択的に除去する．(f) レジストによって防御されていない酸化膜だけを選択的にエッチングする．(g) レジストを除去する．

フォトリソグラフィー技術を使って図 3.2 のプロセスを繰り返しながら選択的に化学処理を施し，必要な部分に必要な材質を形成する．

レジストにも 2 種類あり，光が当たった部分だけを除去して光が当たらなかっ

図 3.3 位相シフトマスク

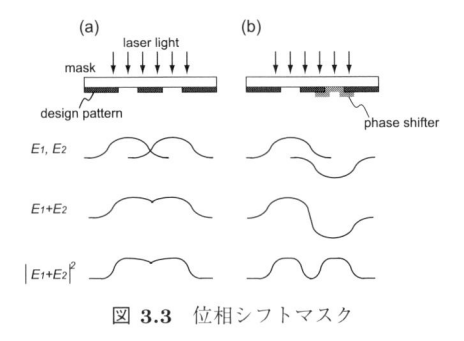

た部分を残す際に使うものをポジティブレジスト，光が当たった部分を残す際に使用するものをネガティブレジストと呼ぶ．

光源の波長

図 3.2(c) のようにしてマスクパターンをレーザ光でウェハ上のレジストに転写するが，光の波動性から，光源として使用するレーザ光の波長よりも細かいパターンをきれいに転写することはできない．すなわち，細かいパターンの限界はレーザ光の波長で決まることになる．

位相シフトマスク

光源よりも細かいピッチでパターンを転写する際に，位相シフトマスクを使用する．通常は図 3.3(a) のようにしてパターンが転写され，レジスト上では波長程度に裾が広がった強度分布となる．図 3.3(b) のように位相を半波長分ずらしたマスクを使用することで，隣り合ったパターンから放射された電界と打ち消し合ってきれいな転写パターンを得ることができる．ただし，位相シフトマスクは通常マスクよりも高価なため，ゲートやコンタクトなどの一部のマスクにしか使用しないことが多い．

マスク合わせ誤差

製造工程では，下地から上に向かって層構造を積み上げていくが，マスクを合わせる際に誤差が生じ，転写パターンが狙った場所から微妙にズレてしまう．レイアウト設計の際にはこのズレを考慮する必要があるが，どの程度のズレが生じる可能性があって，それでも回路動作に問題ないようにするにはどのようなマージンを取ればいいのかが「デザインルールマニュアル」（後述）に細かく

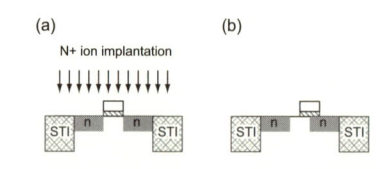

図 3.4 (a) セルフアライン，(b) 位置合わせエラー

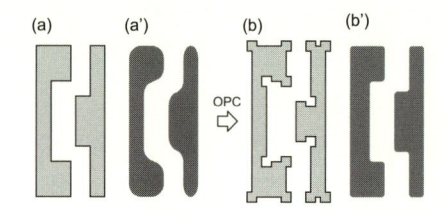

図 3.5 (a) 設計レイアウト：(a′) OPC 補正なし完成形状，(b) OPC 補正後レイアウト，(b′) OPC 補正あり完成形状．

規定されている．

セルフアライン

また，層構造の相互関係において，なるべくマスク合わせ精度を緩くできるように製造工程を工夫することも行われている．これを「セルフアライン」と呼ぶ．たとえば，図 3.4(a) のように，ゲートと STI を生成後に N+ イオン打ち込みを行うことで，ゲート端とソース・ドレイン端とが自然と一致することになり，図 3.4(b) のようになってしまうのを防ぐことができる．

OPC

数十ナノメートルの図形を製造する場合，リソグラフィーやエッチングの精度の影響で，図 3.5(a) のレイアウト設計をもとに製造すると (a′) のような出来上がりになってしまう．そこで，(a) を (b) のように補正してから製造することで，(b′) のような設計者の意図に近い出来上がり形状を製造することができる．このような技術を光近接効果補正 OPC (Optical Proximity Correction) と呼ぶ．

通常，レイアウト設計者は (a) の形状を設計し，(a) から (b) への補正は製造者の責任で行う．プロセス技術者がプロセスを設計していく際に，いくつかの典型的なサンプルパターンを製造して設計形状と完成形状とのデータベースを作っておき，それを基に専用の CAD ツールを用いて最適な OPC 補正をかけ

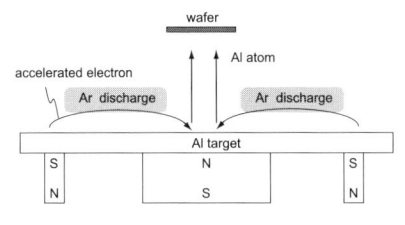

図 3.6 スパッタリングの原理図

てからマスクを製造することになる．

3.1.3 成膜

膜の生成には主に 3 種類がある．

熱酸化

シリコンを酸素雰囲気中に置いて高温にすると，シリコンが酸化して SiO_2 が生成される．厚みの制御性も良く高品質な酸化膜が得られるため，ゲート酸化膜はこの方法で製造される．

CVD

CVD（化学的気相成長法：Chemical Vapor Deposition）では，シリコンウェハに反応性ガスを流すことで，シリコンウェハとガスが反応してウェハ上に化合物が堆積する手法である．たとえばゲートポリでは $SiH_4 \to Si + 2H_2$ の反応を利用してポリシリコンを堆積する．

スパッタリング (PVD)

真空に近い低気圧中のアルゴンガスを放電させ，加速した電子をローレンツ力でアルミニウムターゲットに衝突させて，その衝撃で放出されたアルミニウムをシリコンウェハに堆積する（図 3.6）．この方法をスパッタリング (PVD: Physical Vapor Deposition) と呼ぶ．

3.1.4 不要部分の除去

成膜や堆積した層の不必要部分を除去する．エッチングと CMP の 2 種類がある．

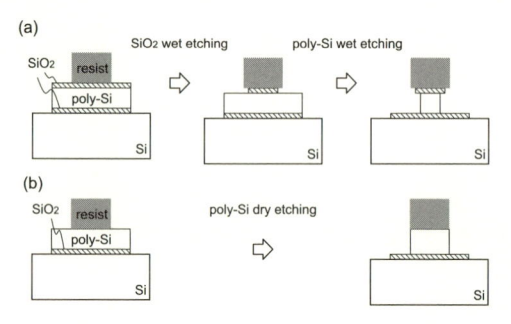

図 3.7 (a) ウェットエッチング，(b) ドライエッチング

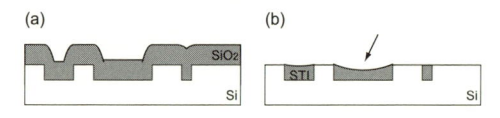

図 3.8 (a) CMP 前，(b) CMP 後

エッチング

エッチングにも溶液に浸して除去するウェットエッチングと，プラズマを利用した RIE (Reactive Ion Etching) などのドライエッチングがある．図 3.7 に示すように，一般的にドライエッチングの方がシャープに切ることができる．

CMP

CMP (Chemical Mechanical Polishing) では，化学的 (Chemical) に溶かしつつ，表面をヤスリのように機械的 (Mechanical) に研磨 (Polishing) して平坦化する．ただし，図 3.8(b) の矢印に示すように，広い範囲を研磨すると窪みが発生するため，一定以上に大きい範囲を研磨することのないようにレイアウト設計を行う必要がある．後で述べる「密度ルール」の由来である．

たとえば，STI ではシリコンを選択的にエッチングし，CVD で酸化膜を堆積した後に CMP で平坦化している．

3.1.5 不純物導入

イオン打ち込み

Si ウェハにボロン (B) などの III 族イオンを高電圧で高速に打ち込むと n 領域となり，リン (P) などの V 族イオンを打ち込むと p 領域となる．

アニーリング

　イオン打ち込み直後は，打ち込まれたイオンによってシリコンの結晶にヒビが入っているが，高温の不活性ガス内に数十秒程度置いておくとヒビがくっつくとともに，打ち込まれたイオンもガウス分布に従って均一に広がる．このプロセスをアニーリングと呼び，イオン打ち込み後に行うことが多い．

3.1.6　CMOS 製造プロセス

　CMOS 製造の流れを図 3.9 に示す．表面には現像後に不必要部分を除去したレジスト膜が残っている．通常は P 型基板を使用し，まず (a) Nwell と (b) Pwell をイオン打ち込みによって形成する．続いて (c) アクティブ領域以外のシリコンをエッチング後，CVD 酸化して埋めてから CMP によって平坦化することによってアクティブ領域以外の部分に STI を形成する．(d) 熱酸化によってゲート酸化膜を，CVD によってゲートポリを堆積後，エッチングによってゲートを形成する．(e) LDD (Lightly Doped Drain) 用の N^- および (f) P^- イオン打ち込みを行う．(g) ゲートのサイドウォールを形成後，(h) N^+ および (i) P^+ イオン打ち込みでソース・ドレインおよびボディコンタクト領域を形成する．(j) シリサイド用のコバルト (Co) を堆積して熱処理することで酸化膜以外の部分をシリサイド化し，酸化膜上の未反応部分を除去する．(k) 層間絶縁膜を堆積後，CMP で平坦化してからタングステン (W) で埋めてコンタクトホールを形成．(l) M1 領域をエッチング後，全体にアルミニウム (Al) もしくは銅 (Cu) をスパッタリングによって堆積後，CMP で平坦化して M1 配線を形成．以下，M2, M3 などを形成する．

　図 3.9 の右の列に示すような各ステップでの必要パターンを描くのがレイアウト設計である．

3.1.7　デュアルダマシン

　図 3.9 では配線にアルミニウム (Al) を使用することを前提に説明してあるが，近年では配線抵抗を減らすために Al ではなく銅 (Cu) 配線を用いる．銅配線ではデュアルダマシンと呼ばれる手法を用いて配線を形成する．これは

- 銅のエッチングが難しい
- 銅は酸化膜中に拡散しやすい

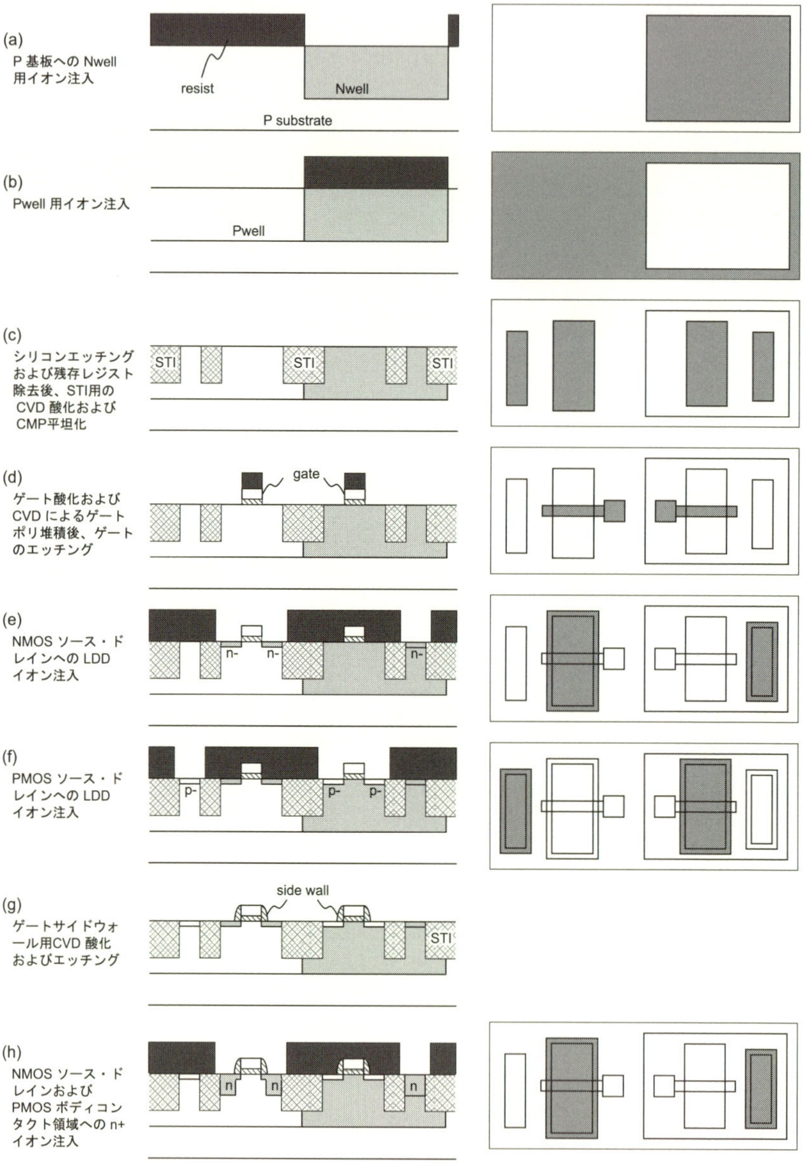

(a)
P 基板への Nwell
用イオン注入
resist
Nwell
P substrate
(b)
Pwell 用イオン注入
Pwell
(c)
シリコンエッチング
および残存レジスト
除去後、STI用の
CVD 酸化および
CMP平坦化
STI
STI
STI
(d)
ゲート酸化および
CVD によるゲート
ポリ堆積後、ゲート
のエッチング
gate
(e)
NMOS ソース・ド
レインへの LDD
イオン注入
n-
n-
n-
(f)
PMOS ソース・ド
レインへの LDD
イオン注入
p-
p-
p-
(g)
ゲートサイドウォ
ール用CVD 酸化
およびエッチング
side wall
STI
(h)
NMOS ソース・ド
レインおよび
PMOS ボディコン
タクト領域への n+
イオン注入
n
n
n

図 **3.9**　CMOS 製造工程

図 3.9 の続き:

(i) PMOS ソース・ドレインおよび NMOS ボディコンタクト領域への p+ イオン注入

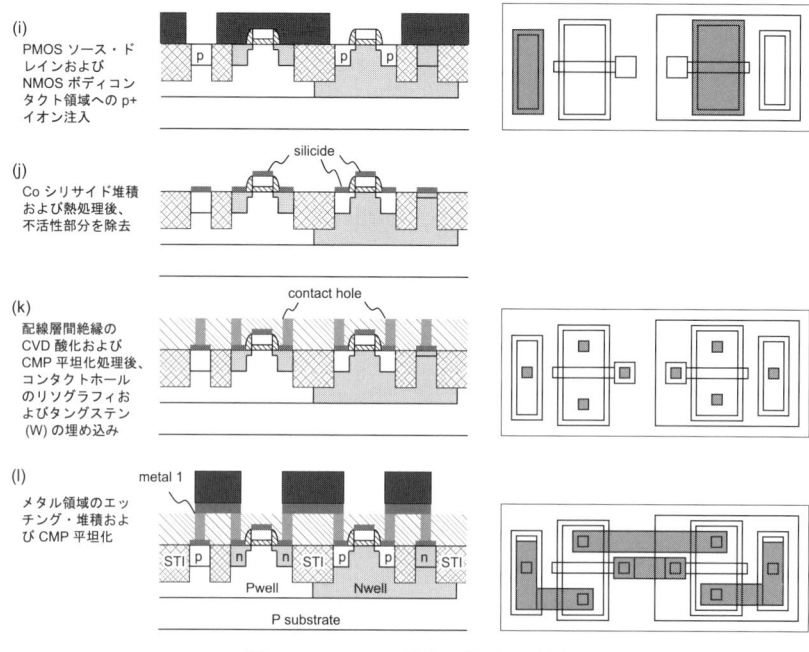

(j) Co シリサイド堆積および熱処理後、不活性部分を除去

(k) 配線層間絶縁の CVD 酸化および CMP 平坦化処理後、コンタクトホールのリソグラフィおよびタングステン (W) の埋め込み

(l) メタル領域のエッチング・堆積および CMP 平坦化

図 3.9 CMOS 製造工程（つづき）

という問題点を解決する手法として 90 nm 以降の銅配線プロセスで広く用いられている．

まず図 3.10(a) 層間絶縁膜，エッチストップ層，配線層絶縁膜を堆積し，フォトリソグラフィーでコンタクトホールのパターンを現像し，コンタクトホールを空ける．続いて (b) フォトリソグラフィーで配線パターンを現像し，配線エリアをエッチングする．この際，エッチストップ層でエッチングを止める．(c) 銅の拡散を防ぐための拡散防止膜を形成する．(d) スパッタリングによってコンタクトホールと配線部分をまとめて銅を堆積する．(e) 余計な部分を CMP で取り除く．

一般的に，エッチングした部分を埋めて CMP で余分を取り除くことをダマシンプロセスと呼ぶが，コンタクトホール部分と配線部分を 2 層同時に埋めることからデュアルダマシンという名前がついている．

62   第3章　レイアウトとその検証

(a) Etch contact hole

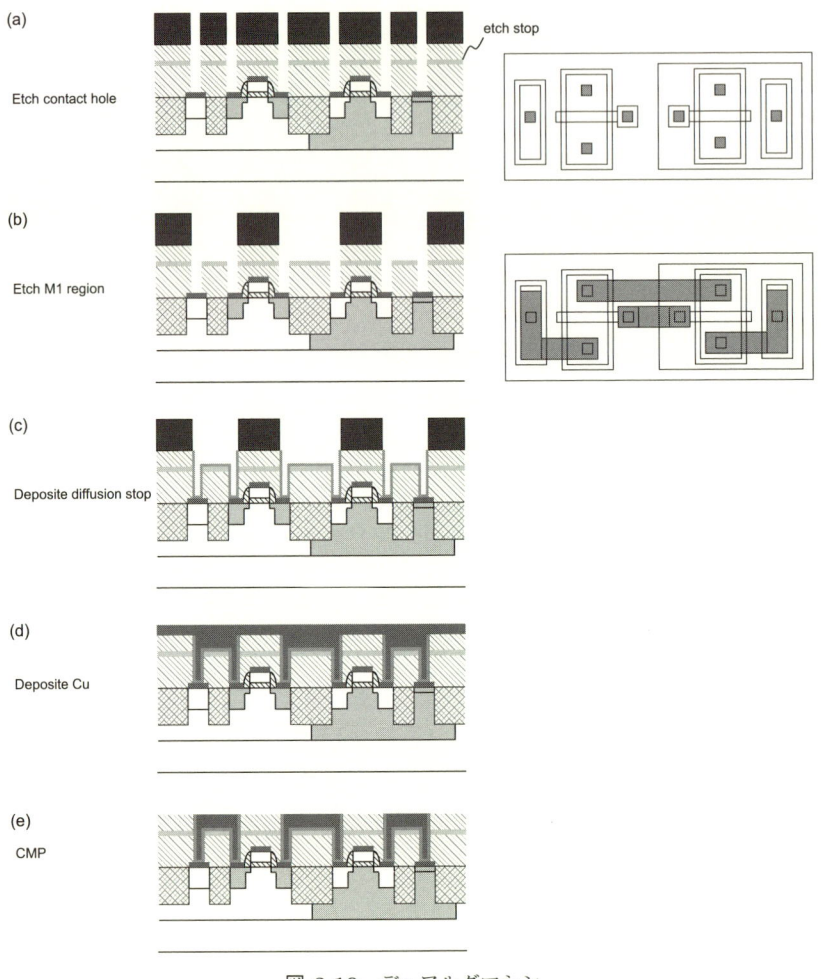

etch stop

(b) Etch M1 region

(c) Deposite diffusion stop

(d) Deposite Cu

(e) CMP

図 3.10　デュアルダマシン

3.2　デザインルール

　マスク合わせ誤差やフォトリソグラフィーの光源波長の限界による不確定性などを考慮した上で，それでもきちんと回路動作を保証するために守らなければいけないルールがデザインルールマニュアルに規定されている．

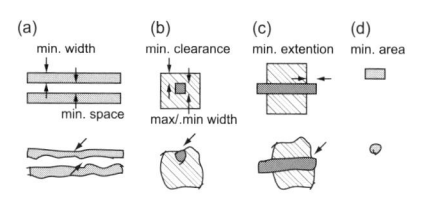

図 **3.11** 基本ルールの種類

3.2.1 基本ルール

基本ルールの種類

ルールの種類としては 6 通り．図 3.11 の上段に設計データ，下段に実際のできあがり図形を模式的に示している．

最小幅　　　　(a) 細すぎると，切れてしまうかもしれない

最小間隔　　　(a)(b) 近すぎると，くっついてしまうかもしれない
　　　　　　　（同一レイヤ内は min. space，別レイヤ間は min. clearance と表記する）

最小はみだし量 (c) 短すぎると，はみださないかもしれない

固定サイズ　　(b) コンタクト，ビアの大きさは固定

最小面積　　　(d) 小さすぎると，なくなってしまうかもしれない

最大幅　　　　大きすぎると，チップが歪んでしまうかもしれない

基本ルールの例

各レイヤ毎に，$0.4\,\mu$m 以上の太さで書くべし，とか，ゲートポリは活性領域 (AA: Active Area) から $0.2\,\mu$m 以上はみだすべし，などの守るべきルール一覧が書いてある．たとえばゲートポリに関するページを見ると図 3.12 のようになっている（この図中の値は適当に書いてあるので，値は信用しないこと）．このような形で Nwell, ActiveArea, N+ Implant, P+ Implant, ContactHole, M1, M2, ... VIA12, VIA23, ... など，それぞれのレイヤ自身および関連するレイヤとの相対関係などが数十ページに渡って細かく指定されている．

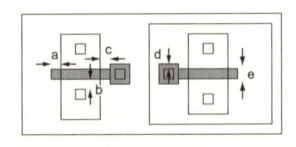

a	Min. extension of GATE beyond AA	0.2um
b	Min. clearance from CH to GATE	0.4um
c	Min. clearance from AA to GATE	0.1um
d	Min. extension of GATE beyond CH	0.1um
e	Min. width of GATE	0.2um

図 **3.12** デザインルールの例

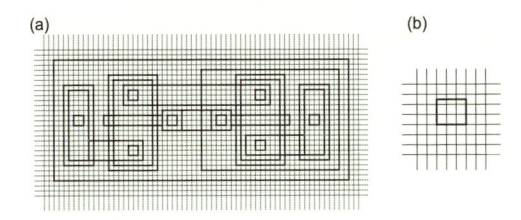

図 **3.13** グリッド：(a) オングリッド，(b) オフグリッド．

近年のプロセスでは，M1 では面積が小さすぎるとエッチング後に島が残らないので面積が $0.02\,\mu m^2$ 以上でないといけない，とか，配線が太過ぎると変な圧力がかかるので $10\,\mu m$ より太い配線をひいてはいけない，など，細かいルールがものすごくたくさんあるし，中には，ナゼ？ と一見理由の想像が付かないようなルールがあったりもするので，レイアウトを始める前にマニュアルにじっくり目を通して理解するだけでなく，レイアウト設計中も常に脇に置いて随時参照しながらレイアウトを進めることになる．

3.2.2 グリッド

レイアウトにはグリッドという概念があり，図 3.13(a) のように，すべての図形はグリッドの上に乗っていなければならない．最小グリッドがいくつであるか必ず確認し，レイアウトエディタで最小グリッドを設定してからレイアウトを始めること．図 3.13(b) のようにオフグリッドで設計してしまうと，後からこれをグリッドに載せる修正はヒジョーに大変．

グリッドは，レイヤによって異なる場合がある．細かいグリッドでマスクを作るよりも粗いグリッドでマスクを作る方が安上がりになるからである．たとえばゲート，コンタクトールは $0.01\,\mu m$ などの細かいグリッドで，Nwell や最上層メタルは $0.05\,\mu m$ などの粗いグリッドに乗せる必要がある，など．

表 3.1 密度ルールの例

	AA	M1	M2	M3
チップ全体 [%]	40〜60	30〜70	30〜70	20〜80
1 mm ウィンドウ [%]	30〜70	25〜75	25〜75	20〜80
100 μm ウィンドウ [%]	20〜80	20〜80	20〜80	20〜80

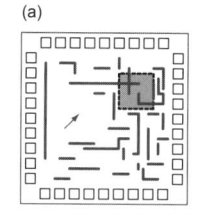

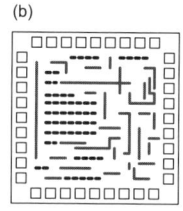

図 3.14 密度ルール

さらに，45度の斜めのレイアウトが許されるかどうか，任意角度の斜めはどうか，その場合のグリッドの扱いなどもチェックしておくこと．

3.2.3 密度ルール

製造プロセスでは，活性化領域の生成や金属配線の生成などのステップで平坦化のためにCMPを多用するが，図3.8で説明したように，広い範囲をCMPで平坦化する場合には窪みができてしまうため，活性化領域や配線領域の密度には制限がある．これを密度ルールと呼ぶ．

密度ルールの内容にもさまざまなレベルがあり，表3.1に示すように活性領域の密度はチップ全体で40〜60%，チップ内部の任意の場所に1mm×1mmのウィンドウを置いたときに必ず30〜70%，100μm×100μmのウィンドウを置いたときに20〜80%であること，などのように決められている．

たとえば，図3.14(a)がMetal 1のレイアウトを表しているとして，点線の四角で表している1mm×1mmのウィンドウをずらしながら密度を計算していくと，図の矢印周辺にはMetal 1が存在しないことがわかり，CMPの際に窪んでしまって回路動作に支障をきたす恐れがある．

ダミーメタル

普通にレイアウト設計を行うと，密度が高すぎて密度ルールに違反することはほとんどないが，密度が低すぎて違反することが頻繁に起こる．したがって，回路動作上は必要ないが，CMP用の密度ルールを満たすためにどこにも接続

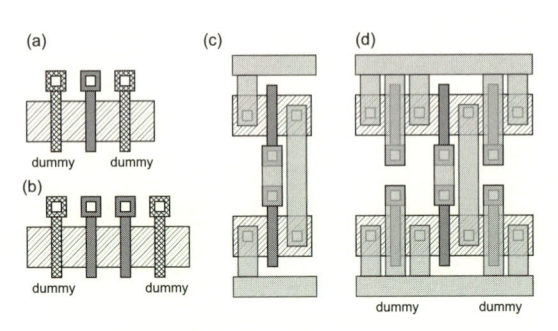

図 **3.15** ダミートランジスタ

されない「ダミーの」配線を置く．これをダミーメタルと呼ぶ（活性領域にも同様にダミーの活性領域を置くが，それに対する一般的な名前はついていないようである）．たとえば図 3.14(b) の点線のように，オリジナルの配線のすき間を埋めるようにダミーメタルを置く．コンタクトホールやビアホールは接続せずに，電気的にはフローティングな状態にしておく．

　これらダミーメタルはレイアウト設計者が手作業で置くのではなく，レイアウトの最終段階で「機械的に」ダミーメタルを発生させることが一般的で，レイアウト設計者はあまり意識する必要のない場合が多い．

　ただし，スパイラルインダクタ（後述）などのように，繊細なアナログ回路の特性を考えるとどうしてもダミーメタルを置きたくない領域が存在する場合がある．通常，ダミーメタル発生アルゴリズムと一緒に「ダミー発生禁止領域」を表すレイヤが用意されており，設計者が禁止領域を指定する．その場合でも，密度ルールを違反してもいいわけではなく，ダミー禁止領域内では自分でダミーメタルを手置きして密度ルールを満たす必要がある．

3.2.4　ダミートランジスタ

　100 nm 以降のプロセスでは，ダミートランジスタが要求されることもある．図 3.15(a), (b) のような連続する活性領域にトランジスタが並んでいる場合，STI からの歪みやエッチングの不均一性の影響によって最も端のトランジスタ特性が変わってしまう場合がある．したがって，端のトランジスタはダミートランジスタとして使用し，回路には使用してはいけない，というルールが存在するプロセスがある．この場合，インバータのレイアウトも図 3.15(c) ではなく (d) のようになる．ダミートランジスタは他の回路に影響を与えないようにオフの状態に（PMOS ゲートは V_{DD}，NMOS ゲートは G_{ND} に接続）してお

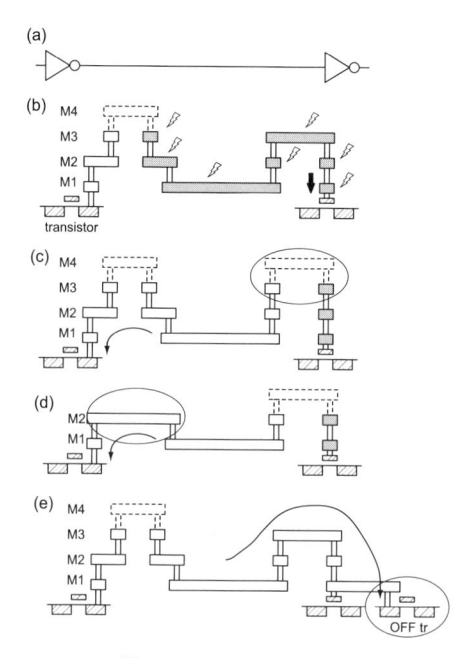

図 3.16 アンテナルール

3.2.5 アンテナルール

ながーい配線をする場合に注意が必要．配線製造プロセスではプラズマを使用するが，プロセス中に発生する電荷が配線の中に残留することがある．配線中の残留電荷は基板に接続されると基板を通じて放電されるが，基板に接続される前に MOS ゲートに接続されると，ゲート酸化膜を破壊することがある．これを Plasma Induced Gate Oxide Damage と呼ぶ．アンテナルールとは，基板に接続される前にゲートに接続される配線の面積を一定以下に抑える，というルールである．図 3.16(b) のケースでは，M3 を形成した時点で，色づけした配線の残留電荷がゲートにかかる．

アンテナルール違反を修正するには，図 3.16(c) に示すように受け側の配線を最上層に持ち上げたり，(d) に示すように送り側の配線を上の層に上げないようにしたり，(e) に示すように受け側トランジスタの側にオフトランジスタを置いてそのドレインに接続するなどの対策を取る．

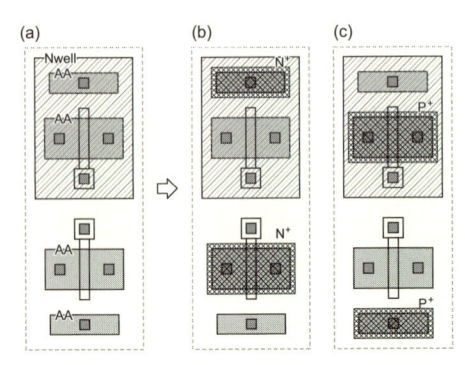

図 3.17 レイヤの自動発生：(a) レイアウト，(b) N^+ の自動発生，(c) P^+ の自動発生．

3.2.6 エレクトロマイグレーション

　細い配線に大電流を流すと配線が切れてしまう．電子が配線の金属原子に衝突して原子の位置がずれるのが原因であり，この現象をエレクトロマイグレーションと呼ぶ．電子の衝突による原子のズレであるから，反対方向に電流を流せば元に戻ると言われている．したがって，H→L, L→H のスイッチングを繰り返すロジック回路の配線やクロック線などでは問題にならず，定常的に一定電流を流し続けるアナログ回路の一部の配線で問題になる場合が多い．各配線層毎にたとえば $1\,\mathrm{A}/\mu\mathrm{m}$ 幅などと決められている．これらの値は後で述べるルールチェックのツールでは検出が難しい場合が多く，回路設計者とレイアウト設計者が注意しておき，必要であれば配線幅を太くするなどの対策を取る必要がある．

3.2.7 手書きレイヤと自動生成レイヤ

　レイアウト設計時に，たとえば Pwell と Nwell 両方のレイアウトを描く必要があるだろうか．Nwell のみを描いて Pwell は Nwell 以外の部分，とすればレイアウトの手間が省けるであろう．また，N^+ イオン打ち込みマスクも図 3.17 のように「ゲートが横切る Active Area のうち Nwell 上ではないもの（NMOS S/D になる部分）と，ゲートが横切らない Active Area のうち Nwell 上にあるもの（Nwell コンタクトになる部分）を合わせ，それらの四角形を $0.2\,\mu\mathrm{m}$ だけ大きくしたもの」などとすることも可能である．

　このように，設計者が手書きしたレイヤから論理演算によって生成させてマ

スクを作成するレイヤも存在する．レイアウト設計では，どのレイヤを設計者が描き，どのレイヤがどのような論理演算で自動生成されるのかをレイアウトマニュアルでよく確認してから設計する必要がある．実際はどこからかインバータのレイアウトを入手してきて，それを参考にしながらレイアウトを進めることになると思うが，一度はこういうことも確認しておくこと．

3.3 基本的なレイアウト

3.3.1 トランジスタのレイアウト

レイアウト初心者に「インバータのレイアウトを書いてごらん」と言ってレイアウトを描いてもらうと，図 3.18(a) の回路図そのままに (b) のようなレイアウトになるはず（私も初めてのレイアウトはこんなだった）．ボディ端子（ウェル

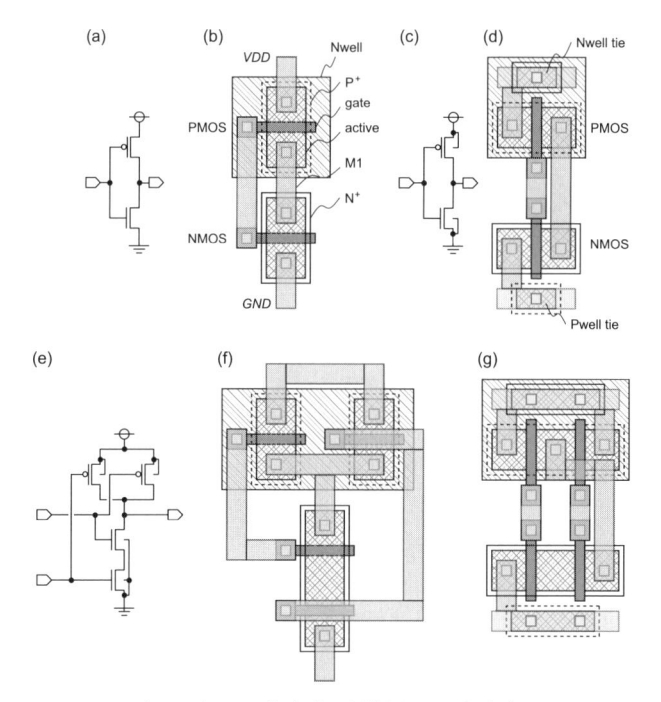

図 3.18 CMOS のレイアウト：(a) 初心者の回路図，(b) 初心者のレイアウト，(c) 正しい回路図，(d) 正しいレイアウト，(e) 正しい NAND 回路図，(f) 初心者の NAND レイアウト，(g) 正しい NAND レイアウト．

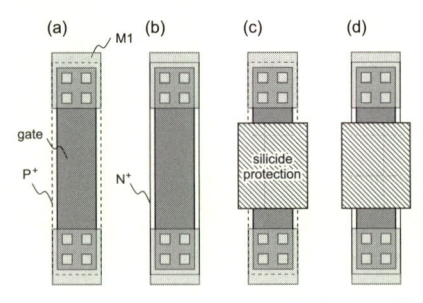

図 3.19 抵抗のレイアウト：(a) P$^+$ポリ抵抗，(b) N$^+$ポリ抵抗，(c) P$^+$ポリ抵抗シリサイド無し，(d) N$^+$ポリ抵抗シリサイド無し．

タップ）が無い以外は，あながち間違いとは言えないが，(d) のようにトランジスタを縦向きにした方が良い．これは個々のレイアウトスタイルに依存し，トランジスタとして動作すれば (b), (d) どちらでもいいように思えるが，NAND ゲートのレイアウトになると (f) よりも (g) の方が断然良い．

3.3.2 抵抗のレイアウト

「普通の」デジタル回路であれば抵抗を使うことはほとんどないが，アナログ回路では抵抗が必要になる場合がある．

LSI 内部での抵抗はゲートポリを使用する．トランジスタではないので，活性領域にはせずに STI の上に形成する．ゲートポリにも図 3.18 に示すように4 種類ある．ゲートポリに P$^+$か N$^+$をドープするかで抵抗値が変わる．また通常，トランジスタのゲート表面をシリサイド化してゲート抵抗を下げる処理を行うが，(c), (d) のように，シリサイド化せずに高抵抗の素子として使うこともできる．シリサイド化しないことを「シリサイドプロテクション」とか「シリプロ」などと呼び，専用のレイヤが用意されている（その分，マスクが 1 枚必要となり，プロセスも増えてコストがかかることになる）．

図 3.19(a), (b) の抵抗値は，ほぼシリサイドの抵抗で決まり，おおよその目安として 10Ω/□ 程度であり，(c), (d) では数百 Ω/□ 程度となる．それらの詳しい値はレイアウトマニュアルに記載されているハズである．

ちなみに，抵抗値が電圧によって変わってもよく，精度は気にしないのでとりあえず LPF を作りたい，といった場合にはトランジスタの ON 抵抗を利用するのが最も簡易な方法だろう．

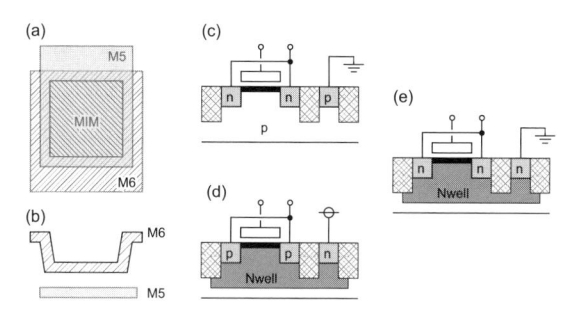

図 3.20　容量のレイアウト：(a) MIM 容量，(b) MIM 容量の断面図，(c) NMOS ゲート容量，(d) PMOS ゲート容量，(e) バラクタ．

3.3.3　容量のレイアウト

通常の回路での容量は，動作速度を遅くするし消費電力は増えるし，ない方がいいのだが，アナログ回路では容量が必要な場合がある．LSI 内部で実現可能な容量としては以下のようなものがあり，用途に応じて使い分ける必要がある．

MIM 容量　　　Metal-Insulator-Metal 容量であり，通常の層間容量でなく，図 3.20(a) のように MIM レイヤと呼ばれるレイヤを置くことによって (b) のような構造を作りだし，電圧に依存しない容量を形成する．通常，最上層とその下の層を用いて MIM 容量を形成することが多い．単位面積当たりの容量はデザインマニュアルに記載されているハズ．

MOS ゲート容量　MIM 容量の層間距離よりもゲート酸化膜の厚さの方が薄く，単位面積当たりの容量は最も大きい．ただし，チャネルが形成されないと容量値が小さくなるなど，バイアス電圧によって容量値が変化してしまう．これは一種のバラクタとみなすこともできる．必要に応じて (c) の NMOS ゲート容量と (d) の PMOS ゲート容量とを並列接続してバイアス電圧依存性を小さくする．さらに，90 nm 以降のゲートリークが発生するプロセスでは，容量の 2 端子間に電流が流れることになることも注意が必要となる．動作としては MOS トランジスタであり，容量値は SPICE シミュレーションによって求めることができる．

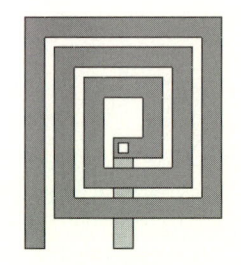

図 3.21 インダクタのレイアウト

バラクタ　　　Variable Capacitor 容量であり，電圧によって容量が変わる．図 3.20(e) の例では，Nwell 上に NMOS 構造が形成されており，ゲート電圧によってチャネルの形状が変わることで，電圧に依存した容量を実現する．MOS トランジスタの特殊版という形で BSIM3 などの NMOS モデルにパラメータを強引に当てはめて使用することが多い．

3.3.4 インダクタのレイアウト

配線をぐるぐる巻きにするとインダクタンスとなる．図 3.21 のようなレイアウトとなる．うずを大きくすると大きなインダクタンスとなるが，その分，抵抗が増えたり基板との容量が付いたりして，インダクタンスとしての特性が悪くなってしまう．抵抗を小さくするために，最上層の厚い配線層を使ったり配線を 2 層分使ったりするなど，設計者泣かせな素子ではある．おおよそ，$100\,\mu\mathrm{m} \times 100\,\mu\mathrm{m}$ 程度のうずまきで数 nH のインダクタとなる．

3.4 レイアウトエディタ

レイアウト設計をするための CAD ツールがレイアウトエディタである．基本的には「ただのお絵書きツール」だと思ってよい．

3.4.1 レイヤ

実際の製造プロセスで使用するマスクと同様に「レイヤ」という概念があり，図 3.22 に示すように，各レイヤに各マスクのパターンを描くことになる．レイアウトエディタ自体は layer1 が Nwell で，layer2 が ActiveArea で... などと限

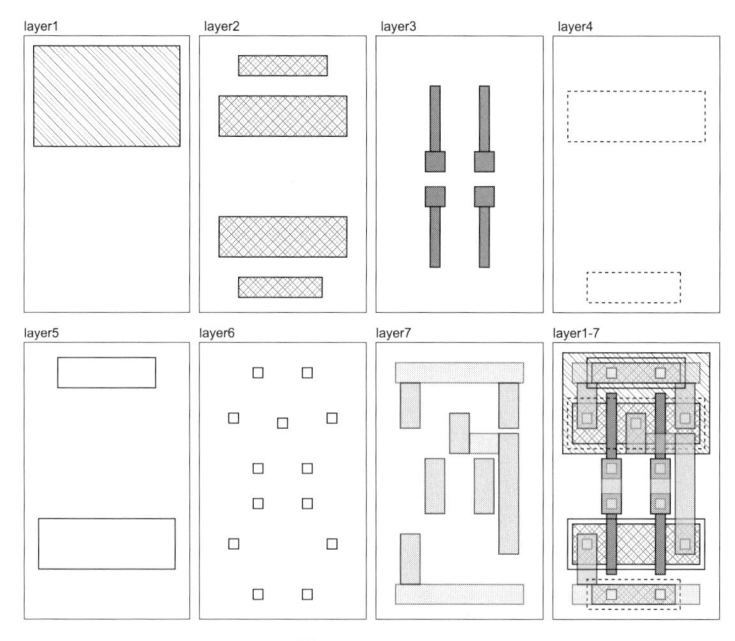

図 3.22 レイヤ

定する必要はなく，あくまで設計者が「最終的に layer1 が Nwell マスク用である」といった対応を取る．レイアウトエディタでは，入力図形のレイヤ指定や，layer1 のみ表示，とか，layer1-7 すべて表示など，レイヤ毎の表示オン・オフの切り替えも容易にする機能を持っている．

3.4.2 表示とグリッド

レイアウトからトランジスタ・配線の 3 次元構造を想像しやすいように，各レイヤ毎に表示の色や模様を設定できる．表示色が変わっただけでレイアウトでの回路が「見えなく」なってしまい，先輩にレイアウトを見てもらっても「自分と色が違うのでわからん」と平気で言われることがある．最初は自分の所属するグループで伝統的に使われている色を使用すること．レイアウトエディタでは色設定ファイルが用意されているハズなので，自分オリジナルな色を使用する場合は自分用色設定と他人に見せる用色設定ファイルを 2 種類用意しておくと良い．

また，図 3.13 に示したように各レイヤ毎に最小グリッドが決まっているた

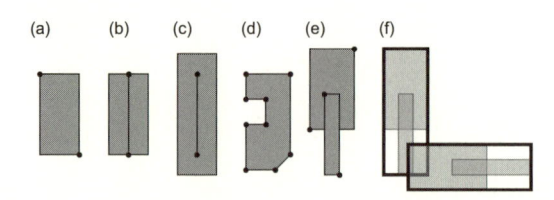

図 3.23　オブジェクト：(a) 四角形, (b) パス, (c) パス, (d) 多角形, (e) 重なり四角形.

め，レイアウトエディタ上でも最小グリッドを決めて描画オブジェクトが必ずグリッドに載るように設定する．

3.4.3　オブジェクト

レイアウトに使用するオブジェクトは，ほとんどの場合，図 3.23 に示すように

(a) **四角形**　　　対角の 2 点で決まる長方形．

(b) **パス（はみだし無し）**　2 点を結ぶ直線．幅は別途指定．レイヤ毎にデフォルトのパス幅を指定できる．

(c) **パス（はみだし有り）**　2 点を結ぶ直線．はみだし量も指定可能．ただし，はみだし量はゼロもしくは幅の半分のどちらかに制限すること．基本的に，手書きレイアウトの際は，はみだし無しを用いることを薦める．

(d) **多角形**　　　各頂点を指定．1 オブジェクト当たり頂点は 128 点以下と決められている場合もある．45 度や任意の斜めが許されるかどうかもデザインルールマニュアルでチェックすること．

(e) **重なり四角形**　図形が重なっていても，OR を取った形で処理してくれるので問題なし．

(f) **セル**　　　　複数のオブジェクトをセル化して 1 つのカタマリとして扱う．たとえば (e) の図形をセル化して，そのセルを置くことができる．セルの中身を修正したら，置いてあるすべてのセルの中身も書き換わる．

などが挙げられる．配線はパスで，それ以外は重なり四角形を使用することが

多い．

3.5 レイアウトのノウハウ

3.5.1 レイアウトエディタの設定

まずは道具であるレイアウトエディタを自分の使いやすいようにカスタマイズする．

色の設定

3.4.2 項でも述べたが，自分の直観とマッチしたレイヤの色を使用すること．初心者は周りの人と同じ色設定ファイルを使うとよい．

グリッドの設定

3.4.2 項でも述べたが，グリッドをきちんと設定すること．また，許される最小グリッドよりも設計グリッドを大きく設定する方がレイアウトは容易になる．たとえばデザインルール上 $0.01\,\mu m$ グリッドが許される場合であっても，$0.02\,\mu m$ グリッドや $0.04\,\mu m$ グリッドで十分設計ができるのならば $0.04\,\mu m$ グリッドで設計を進めた方が設計がやりやすい．この場合，必要なときにだけ $0.01\,\mu m$ に設定しなおして，それ以外のときは $0.04\,\mu m$ グリッドで設計を進めるなど，場合に応じてグリッドの設定を変更する．

レイヤの分割

同じ M1 であっても，レイアウトエディタ上では電源線，グランド線，信号配線でレイヤを分けて表示を変えることを強くオススメする．その場合，GDSII ファイルに出力する段階で 1 つのレイヤにまとめる．

たとえば，図 3.24 に示すように，METAL1VDD は赤の右斜めハッチ，METAL1GND は赤の左斜めハッチ，METAL1SIG は赤のクロスハッチ，METAL2VDD は水色の右斜めハッチ，METAL2GND は水色の左斜めハッチ，METAL2SIG は水色のクロスハッチ，などと，配線レイヤを色で区別し，電源・

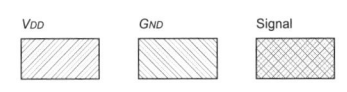

図 **3.24** 同一配線層のレイヤ分割

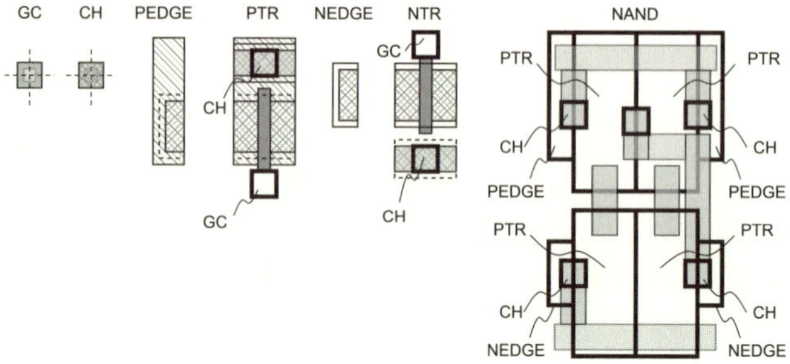

図 3.25 セル化と階層レイアウト

グランド・信号をハッチで区別するとよい．DFF 程度のレイアウトであればありがたみがないが，チップ全体で電源線を張り巡らせる段階になると絶対に便利である．

3.5.2 階層レイアウト

セル化することによって繰り返し使用するブロックをカタマリとして扱い，それを積み重ねる階層化設計を駆使しながらレイアウトを組み上げていく．たとえば図 3.18(g) のレイアウトは，すべての四角形を 1 個ずつ描くのは大変で，図 3.25 に示すような階層化設計を行うこと．この例では，GC というセルでゲート，コンタクトホール，M1 をセル化している．CH ではゲート，ActiveArea，M1 をセル化している．トランジスタも並列接続することを考慮した構造で PTR，NTR とセル化し，トランジスタの端部分も PEDGE，NEDGE とセル化している．このようにして作った NAND もセル化され，SRLATCH などを作る際には NAND セルを並べて置いて M1 と CH で配線すれば出来上がり．

3.5.3 ダブルバック

通常，図 3.18 のように上に PMOS，下に NMOS を描くが，レイアウトが大きくなって縦方向にもトランジスタを配置するようになると図 3.26 のように，上に NMOS，下に PMOS のレイアウトとを交互に置くことによって，電源線を共通化できたり Nwell を 1 つにまとめることができたりして美しいレイアウトになる．このような配置をダブルバックと呼ぶ（この図では電源・グランドのレイアウトを同じ表示にしているが，図 3.24 のように電源・グランドで表示を変えるとさらにわかりやすくなる）．

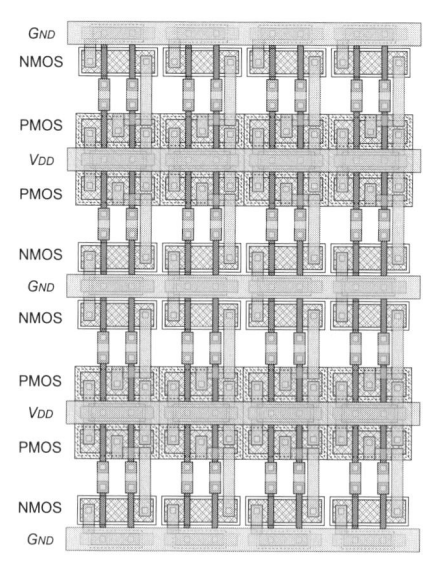

図 3.26 ダブルバック

3.5.4 電源線

電源には大きな電流が流れるため，抵抗成分をなるべく小さくして IR ドロップによる電圧降下を避ける必要がある．配線幅を太くしたり，複数の配線層を重ねて接続する，厚みのある上層配線を多用する，なるべく短い配線にする，などの対策が取られる．また，電源–グランド間に容量を入れることで突発電流による電圧降下量を下げることができる．なるべく電源線とグランド線が重なるようにしたり，最終的な配線が終わった後で，すき間に容量を入れる，などの対策が取られる（図 3.27）．ただし，電源線を重ねすぎると信号配線を引き回す際の邪魔になるので，ほどほどにしておくこと．

3.5.5 クロック配線

同期回路ではすべての DFF に対してクロックが同時に到着するのが望ましい．CLK の配線による遅延やバッファを挿入した場合のバッファ遅延などを考慮しながら，図 3.28(a) に示すフィッシュボーン（魚の骨）型と図 (b) の H ツリー型とを組み合わせながらチップ全体にクロックを分配する．

数十万ゲートになるようなデジタル回路では，もちろん専用の CAD ツール

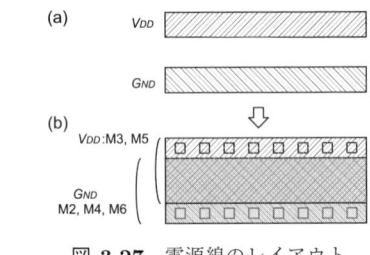

図 3.27 電源線のレイアウト

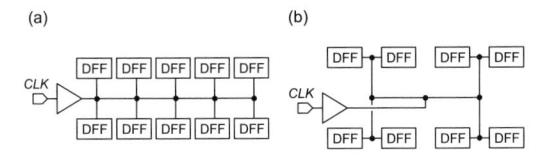

図 3.28 クロック配線：(a) フィッシュボーン型，(b) H ツリー型．

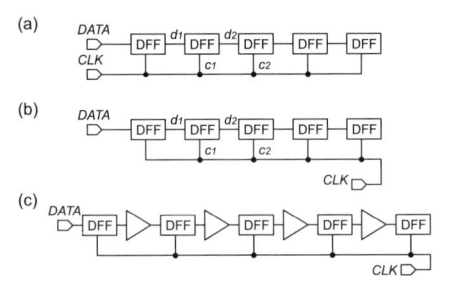

図 3.29 シフトレジスタの配線：(a) 通常の回路図，(b) レイアウトを考慮した回路図，(c) バッファを挿入した回路図．

を使ってクロックツリーを張ることになるが，クロックは電源線と並んで最も重要な配線であって，ブロック間のクロック同期など，一部は手作業になることも多い．

また，図 3.29(a) のシフトレジスタのように，DFF 間にロジックがほとんど存在しない回路の場合，クロックの到達時間が同時でないとデータが「突き抜ける」ことがある．たとえば図 3.29(a) で時間 t_n のときに 1 番目，2 番目の DFF がそれぞれデータ d_1, d_2 を出力している場合，次のクロックの立ち上がり時に c_1 が立ち上がった後に c_2 が立ち上がってしまうと，c_1 の立ち上がりで 2 番目の DFF が d_1 を出力し，その後に c_2 が立ち上がると，3 番目の DFF も d_1 を出力してしまうことになる．このようなデータの突き抜けを防ぐためには図 3.29(b)

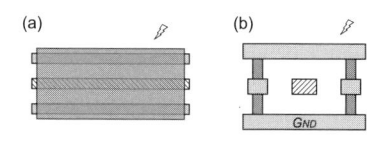

図 3.30 重要配線のシールド：(a) レイアウト，(b) 断面図．

に示すようにクロックを右から供給して c_2 の方が c_1 より先にクロックが到達するようにする．回路図上ではクロックは右から供給しても左から供給しても同じネットリストとなって同じシミュレーション結果になるが，回路設計の段階でレイアウトを考慮した回路図にしておくとレイアウト時の間違いが少なくなる．さらに安全にするには，図 3.29(c) に示すように DFF 間にバッファを挿入して時間を稼ぐとよい．

3.5.6 シールド

アナログ設計では，重要なアナログ値を伝送する配線のように，ノイズの影響を受けては困る配線がある．そのような場合には，図 3.30 に示すように配線の周りをぐるっと G_{ND} 配線で囲む．こうすることで，ノイズが飛んできても G_{ND} 配線でシールドされてノイズの影響を受けない．ただし，G_{ND} に対して配線容量が付くので，消費電力の増大や動作速度の低下とのトレードオフ関係を考慮する必要がある．

3.6 レイアウト検証

レイアウトツールで設計したレイアウトデータは，業界標準である GDSII（ジーディーエスツーと読む）と呼ばれるフォーマットで出力してから各種の検証ツールを適用する．GDSII フォーマットで出力されたデータファイルを「GDS ファイル」もしくは「ストリームファイル」と呼ぶ．

GDS ファイルに含まれるレイアウトオブジェクトは図 3.23 に示すような単純な図形の集まりとなっている．また，GDS ファイルでは図形は 1 nm 単位となっており，すべてのレイアウトデータは小数を使わずに整数で表現している．

3.6.1 DRC

DRC (Design Rule Check) 検証では，図 3.11, 3.12 で示したようなデザインルールマニュアルで定められたルールをレイアウトがきちんと満たしているか

をチェックする．

ルールファイル

デザインルールマニュアルで定められたルールは，各検証ツール独自のフォーマットで記述される．ルールファイルはヘッダ部とメイン部に分かれており，ヘッダ部には

- ストリームファイル名と，ストリームファイルに含まれる DRC を掛けるべきセル名
- 実行ログやエラー出力のためのフォーマットやファイル名
- グリッドの大きさ

などが記述され，メイン部はルールそのものが記述される．たとえば

```
CONT    =   06
M1      =   08
ENC[tos]    CONT    M1    lt   0.1 output ERe06 35
```

のようになっていて，これは

6 番レイヤ (CONT) は 8 番レイヤ (M1) に 0.1um 以上のはみだしで囲まれていなければならない．0.1um 以下の箇所があれば ERe06 というセルに 35 番レイヤで出力せよ

という意味である．

ルールファイル記述のフォーマットは各社の DRC ツール毎に異なっているが，内容は同じである．通常，設計者はルールファイルのメイン部分を理解しながら追う必要はなく，図 3.12 で示されるデザインルールマニュアルを理解してそれに従ってレイアウトし，DRC ツールに指摘されたエラー箇所に対してレイアウトを修正することになる．

検証方法

GDSII ファイル内部では，たとえば長方形は左上と右下の座標，直線は始点と終点の座標と太さ，で表現されているため，上記のルールを満たしているかのチェックは整数の図形演算をしていることに他ならない．たとえば図 3.31 の

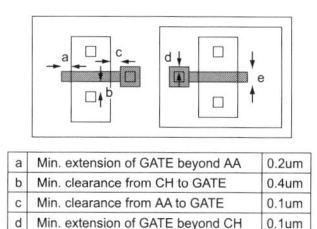

3.6 レイアウト検証 81

a	Min. extension of GATE beyond AA	0.2um
b	Min. clearance from CH to GATE	0.4um
c	Min. clearance from AA to GATE	0.1um
d	Min. extension of GATE beyond CH	0.1um
e	Min. width of GATE	0.2um

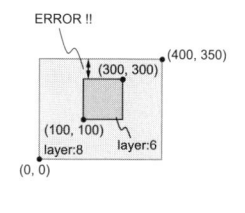

図 **3.31** DRC エラーの例

ように「8 番レイヤ (0, 0), (400, 350) の長方形と 6 番レイヤ (100, 100), (300, 300) の長方形があったときに，左右と下は 0.1 μm のはみだしで囲まれていて問題ない．上は 0.05 μm のはみだししかないのでエラー」といった演算では，たとえば「(100, 100) が (0, 0) と (400, 350) の中にあり，(300, 300) も (0, 0) と (400, 350) の中にあり，x 軸方向の左のはみだしは 100−0 = 100 で 0.1 μm，右のはみだしは 400−300 = 100 で 0.1 μm，下のはみだしは 100−0 = 0.1 μm で問題ない．上のはみだしは 350−300 = 50 で 0.05 μm しかないのでエラー」という整数の足し算，引き算をしているに過ぎない．

3.6.2 LVS

LVS (Layout versus Schematic) 検証では，レイアウトデータと回路図（ネットリスト）が等価であることを検証する．

DRC 同様に，GDS ファイルに記述してある四角形の集まりからトランジスタを認識し，配線の接続を認識して，回路図のネットリストと比較する．自分でレイアウトを見ながら回路を追うのと同じことをプログラムで実装しているだけである．

たとえば，ルールファイルの一例として以下のようになっている．

```
NWELL   = 31
ACTIVE  = 01
PIMP    = 14
NIMP    = 15
POLY    = 05  TEXT = 05    ATTACH=POLY
CONT    = 06
M1      = 08
```

```
and ACTIVE PIMP PREGION
and PREGION POLY PGATE
not PREGION PGATE PSD
element   MOS[P]   PGATE POLY PSD NWELL


and ACTIVE NIMP NREGION
and NREGION POLY NGATE
not NREGION NGATE NSD
not bulk NWELL PSUB
element   MOS[N]   NGATE POLY NSD PSUB


connect    M1 POLY by CONT
connect    M1 PSD by CONT
connect    M1 NSD by CONT
```

GDS ファイルのレイヤ番号と実際のマスクレイヤとの関係を示した後で，ACTIVE と PIMP の重なりを PREGION と定義し，PREGION と POLY の重なりを PGATE と定義し，PREGION のうち PGATE でない部分を PSD と定義し，PGATE の部分が PMOS であり，POLY がゲート端子，隣接する PSD がソース・ドレイン端子，重なっている NWELL をボディ端子と認識せよ，と記述してある．また，M1 と POLY は CONT で接続し，M1 と PSD も CONT で接続し，M1 と NSD も CONT で接続する．

このようなルールでトランジスタの認識方法およびレイヤとレイヤとの接続関係を定義することで，LVS ツールがトランジスタとその接続を認識し，ネットリストと比較して，正しいレイアウトであるかどうか，間違っているとしたらどこが間違っているかを指摘する．すなわち図 3.32 のレイアウトと回路図とが一致しているかどうかをチェックしてくれる．当然ながら，端子名（ここでは IN, OUT, VDD, GND）の位置も指定する必要がある．端子名は「ラベル」と呼ぶテキストで入力し，実際のマスク製造ではテキストはすべて消去する．

LVS を行うときにはさまざまなオプションがあり，設計ごとにオプションを有効にしたりしなかったりするので，レイアウトの前にグループ内で合意を取っておくこと．図 3.33 のように，注意すべき代表的なオプションとしては以下の

3.6 レイアウト検証 83

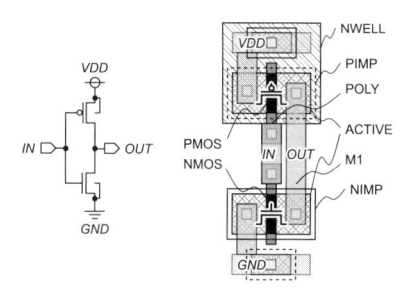

図 3.32 インバータの LVS

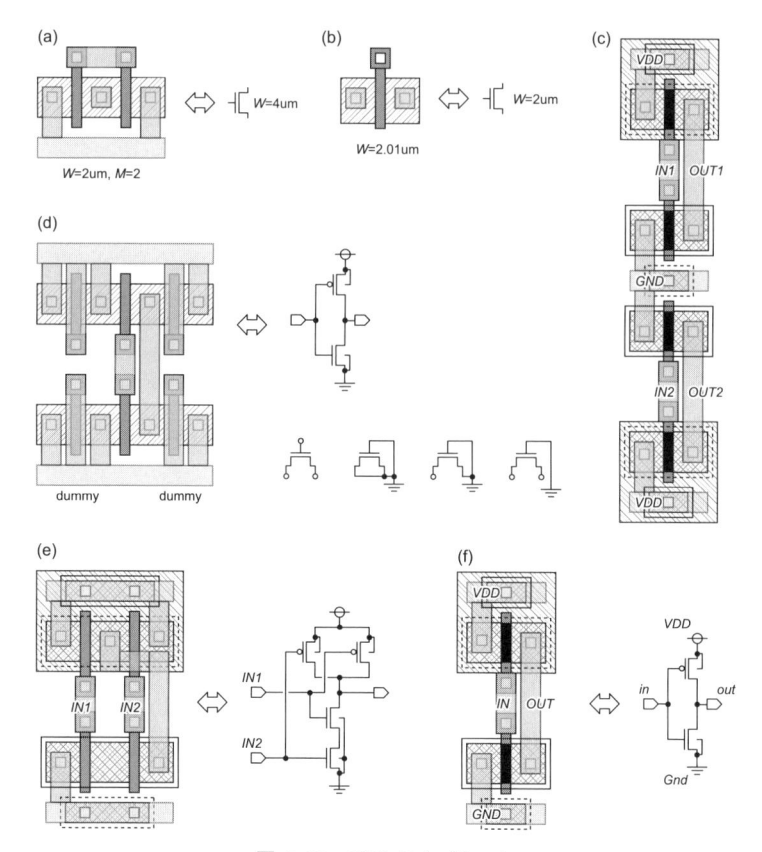

図 3.33 LVS のオプション

ようなものがある（以下のオプション名は，各社のツールによって呼び方が異なるので，LVS ルール内のそれらしいところを見つけて確認すること）．

(a) **Merge Parallel** たとえば $W=2\,\mu\mathrm{m}$ トランジスタの 2 並列と，1 つの $W=4\,\mu\mathrm{m}$ トランジスタを一致とみなすかどうか．

(b) **Property** L, W の誤差許容範囲．レイアウトからトランジスタサイズを抽出するが，L, W がネットリストに記述したサイズに対して 5% 以内の違いならば OK とする，のようにすることができる．

(c) **Virtual Connect** たとえば VDD など，レイアウト上では繋がっていないがそれぞれにラベルを振ることで接続された同一ノードとみなすのを許可するかどうか．

(d) **Filter** たとえば NMOS の場合，ゲート・ソース・ドレインのすべてがオープンだったら無視する，ゲート・ソース・ドレインのすべてが GND に接続される場合無視する，ソース・ドレインのどちらか一方とゲートが GND に接続される場合無視する，とにかくゲートが GND に接続していたら無視する，などのオプションがある．よくある例としては，ばらつき対策のためにレイアウト上にダミーのトランジスタを置いた場合に，それを回路図にも記入する必要があるのかないのかが，このオプションで決まることになる．

(e) **Recognize Gates** たとえば 2 入力 NAND ゲートの $IN1$ と $IN2$ がある場合，$IN1$ と $IN2$ が入れ替わっても（たとえばネットリストでは NMOS の OUT 側が $IN1$ だが，レイアウトでは GND 側が $IN1$ となっている場合），2 入力 NAND ゲートなので論理は同じ，として OK とするかどうか．

(f) **Case Sensitivity** たとえば $IN1$ と $in1$ を同じとみなすかどうか．同一回路上に $IN1$ と $in1$ を別端子で定義することはないと思うが，ネットリストでは $IN1$，レイアウトでは $in1$（もしくはその逆）と書いた場合に，それを許可するかどうか．

3.6.3 ERC

ERC (Electrical Rule Check) 検証では，電気的に正しく接続されているかどうかをチェックする．たとえば

- Nwell が電源に Pwell がグランドに接続されていること
- ソース・ドレインを通じて電源もしくはグランドへのパスがあること
- 各トランジスタのゲートからボディコンタクトまでの距離が一定値以下であること
- トランジスタの端子がフローティングでなく，どこかに接続されていること

などをチェックする．

ただし，ERC に関しては疑似エラーが発生することが多く，本物のエラーなのか，無視してよいものか，慎重な判断が求められる．たとえば図 3.34(a) では，GND 側の PMOS ボディは意図的に VDD ではなく出力に接続されており，エラーではない．(b) の IN 端子はゲートにのみ接続されて電源・グランドへのパスがないが，この前段に接続されるトランジスタのドレインに接続されるため，エラーではない．(c) では，トランジスタボディ端子とボディコンタクトまでの距離が長くて抵抗が大きくなるとラッチアップが発生してしまうため，本物のエラーとなる（実際は数十 μm 離れても大丈夫と規定され，この図で示した程度に離れているのはまったく問題ない）．

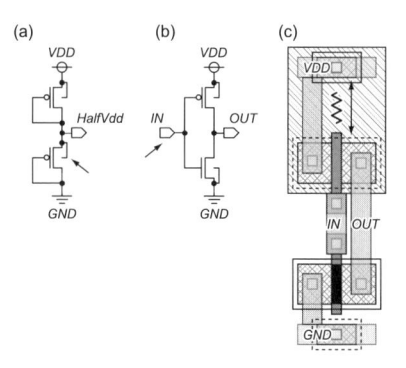

図 **3.34** ERC 検証

1つ1つのトランジスタを回路図入力してそれをレイアウトした場合，ボディコンタクトの距離さえ気を付けていれば，LVS でパスすれば ERC は自動的に満たされることがほとんど．

3.6.4 Antenna Check

3.2.5 項で説明したアンテナルールを守っているかどうかをチェックする．特に IO とコア回路を接続する部分で発生することが多い．

3.6.5 Density Check

3.2.3 項で説明した密度ルールを守っているかどうかをチェックする．通常は，設計者が最終レイアウトを提出後，製造者が自動でダミーを発生させるので問題となることは少ないが，他人任せではなく自分でダミーを発生させる場合などは Density チェックを自分で行う必要がある．

3.6.6 検証の種類と順番

最終的には LVS, DRC, ERC, Antenna, Density を満たす必要がある．最近ではさらに細かいチェックを行う場合もあるが，これらどれかのサブセットであることが多い．たとえば 3.2.2 項で説明したグリッドに関して，図形が定められたグリッドに乗っているかのチェックを別途行う場合もあれば，DRC の中に含めることもある．

LVS と DRC が最も基本であり，設計の途中段階では，これら 2 つのみをチェックし，ある程度まとまった段階で ERC, Antenna さらに必要であれば Density チェックを行うことが多い．LVS と DRC のどちらを先に掛けるかは，各人の流儀や好み，先輩からの教えなどでさまざまではあるが，筆者は LVS を先に実行することが多い．

3.6.7 フラット検証と階層検証

たとえば図 3.35 のように同一のインバータ回路が 2 つ並んで接続されている場合，(a) のように全トランジスタと全レイアウトデータに対して LVS や DRC を実行することをフラット検証と呼ぶ．一方，(b) のように，インバータセルに対して LVS や DRC を行い，続いて，セル間の接続および境界に関して LVS や DRC を行うというふうに，階層に分割して実行することを階層検証と呼ぶ．この例ではフラットであろうが階層であろうが差はほとんどないが，たとえば同

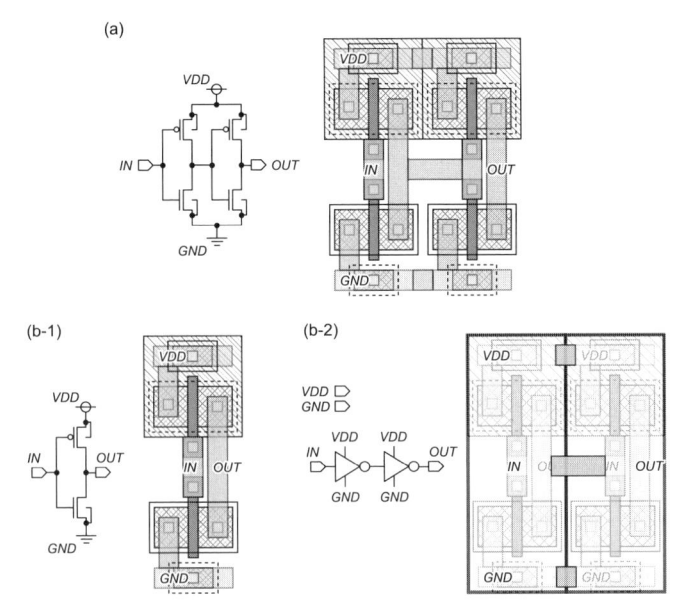

図 **3.35** (a) フラット検証と (b) 階層検証

じメモリセルが 1 億個並んだ SRAM チップ全体を検証する場合などには，階層検証にすることで実効速度が格段に向上する．また，ロジック回路では，DFF が大量に使用されるが，こちらも同様である．また，この手の検証では，素子数 N の 2 乗に比例して実行時間とメモリを消費するため，繰り返しの少ない回路であっても，容易に分割できる回路は分割して検証し，それらの接続部分のみを別途検証する方が高速に実行できる．また，階層検証では検証部分を分割するため，マルチコア実行にも向いている．

ほとんどの検証ツールでは，階層検証オプションが使用可能であり，積極的に利用したい．

第4章

配線 RC 抽出

ようやくレイアウトが終わった．LVS も DRC とパスした．ほっとしたところで「配線 RC 抽出のシミュレーションをせよ」と言われ，やってみたら，5 GHz で動いていた回路が 3 GHz でしか動かないんですけど．どうしよう...

4.1 寄生抵抗と寄生容量

トランジスタと配線の断面イメージを図 4.1(a) に示す．トランジスタを接続する配線とビアには抵抗が存在し，また，配線間や配線–G_{ND} 間に容量が存在する．(b) は 2 段インバータ回路のレイアウトであるが，配線の抵抗・容量が付加されるために回路としては (c) のようになる．設計者が意図的に配置したゲートポリ抵抗や MIM 容量ではなく，これらの抵抗・容量は設計者の意図に反して配線にくっついてくる抵抗・容量ということで，寄生抵抗・寄生容量や配線抵抗・配線容量，もしくは配線 RC と呼ぶことが多い．また，これらの寄生抵抗・寄生容量を抽出することを RC extraction, 配線 RC 抽出，もしくは LPE (Layout Parasitic Extraction) と呼ぶ．

これら配線 RC 抽出の結果，配線 RC を考慮しなかった場合に比べて回路特性が変わり（通常は性能が劣化する方向），最高動作周波数が低くなったり振幅が小さくなったりする．もちろん，これは実際の LSI の動作状態に近づいているわけであり，性能が低くなったからといって嘆いてはいけない．設計段階で実動作の予測が可能であり，それに応じて回路を再調整できるという意味で歓迎すべきことである．

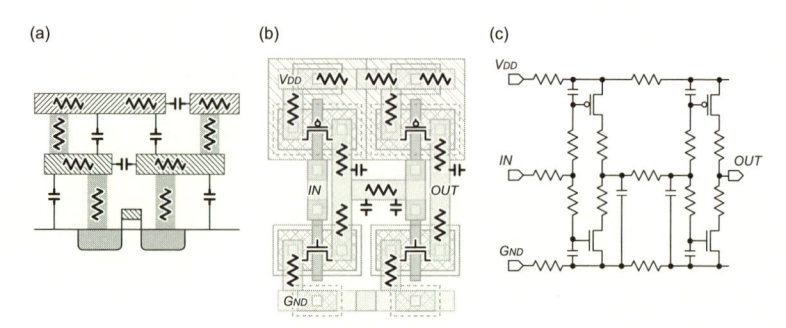

図 4.1　(a) トランジスタと配線の断面，(b) レイアウトイメージ，(c) 実際の回路

4.2 配線 RC 抽出ツールの原理

4.2.1 抵抗の抽出

抵抗率 ρ [$\Omega \cdot$ m] の物質が図 4.2(a) のようにある場合，端から端までの抵抗は

$$R = \rho \frac{l}{wd} = \frac{\rho}{d} \cdot \frac{l}{w} \tag{4.1}$$

となるが，ρ, d は製造プロセスで決まる値であって設計者は変更できない．設計者が設計できるのは l, w であり，抵抗値は l/w に比例する．ここで $l = w$ の場合の抵抗 $\rho/d = R_\square$ [$\Omega/\square$] をシート抵抗と言って，上から見た場合の正方形1枚分の抵抗を表す．たとえば図 4.2(b) の配線では正方形5枚分なので，抵抗は $5R_\square$ となる．また，(c) のように直角に曲がっている場合は $0.56R_\square$ の抵抗を持つと言われ，この配線では $5.56R_\square$ の抵抗値を持つ．

コンタクト系としては，トランジスタ端子と M1 との接続であるコンタクトホール抵抗とゲートコンタクト抵抗，金属配線どうしを接続するビア抵抗がある．

配線 RC 抽出ツールでは，各配線層毎にシート抵抗値を与えておき，レイアウトデータから配線の抵抗値を抽出する．たとえば，配線幅を2倍にすると配線抵抗は半分になる．コンタクト系の抵抗に関しては，各配線層間のコンタクトやビア1個当たりの抵抗値を与えておき，レイアウトデータからコンタクトの抵抗を抽出する．たとえば，コンタクトを2個打つとコンタクト抵抗は半分になる．

図 4.2 (a) 配線，(b) $5R_\square$，(c) $5.56R_\square$，(d) 断面図

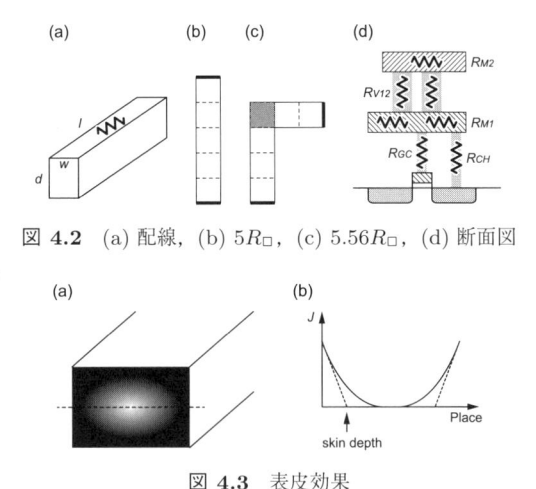

図 4.3 表皮効果

表皮効果

抵抗値を持つ導体に高周波が流れると，図 4.3(a) に示すように電流は導体表面にのみ流れるようになる．これを表皮効果という．一般的に電流密度 J は

$$J \propto e^{-\sqrt{\frac{\omega\mu}{2\rho}}x} \tag{4.2}$$

で表され，深さ方向に対して exp で減衰する．このとき最表面に対して e^{-1} に減衰する深さ

$$d = \sqrt{\frac{2\rho}{\omega\mu}} \tag{4.3}$$

を表皮厚という（図 4.3(b)）．銅の表皮厚は 1 GHz で 2 μm 程度となって配線全面に電流が分布すると考えて差し支えない範囲であり，通常は表皮効果は考慮しない．ただし，数十 GHz の動作を考える場合や，ボード配線などでは考慮する必要がある．また，表皮効果を考慮して抵抗値が周波数依存を持つ場合には，SPICE シミュレーションに時間がかかることにもなってしまう．

4.2.2 抵抗測定

配線 RC 抽出では，テクノロジファイルとして各配線層毎のシート抵抗と各配線層間のビア 1 個当たりの抵抗を与える必要がある．しかし，配線やビアそのものが複雑な構造をしているために材料の抵抗率から単純に計算することができず，実際に作ったものを測定して求めることが多い．このとき，パッドに

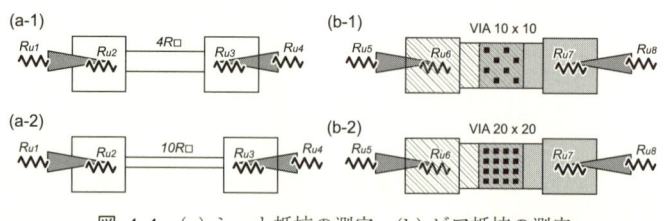

図 4.4 (a) シート抵抗の測定, (b) ビア抵抗の測定

針を当てて抵抗を測定するが，測定装置から針までの抵抗，針とパッドの接触抵抗など，さまざまな抵抗 R_{u*} の影響を除去するため，図 4.4 のような測定回路を作る．(a-1), (a-2) の全抵抗はそれぞれ $R_{a1} = R_{u1} + R_{u2} + 4R_\square + R_{u3} + R_{u4}$, $R_{a2} = R_{u1} + R_{u2} + 10R_\square + R_{u3} + R_{u4}$ となるので，$R_{a2} - R_{a1} = 10R_\square - 4R_\square$ となり，

$$R_\square = \frac{R_{a2} - R_{a1}}{10 - 4} \tag{4.4}$$

としてシート抵抗を求めることができる．同様にビアの抵抗測定では，ビア 1 個当たりの抵抗を R_{VIA} とすると，$R_{b1} - R_{b2} = R_{VIA}/100 - R_{VIA}/400$ となるので，

$$R_{VIA} = \frac{(R_{b1} - R_{b2}) \times 400}{4 - 1} \tag{4.5}$$

としてビア 1 個当たりの抵抗を求める．

4.2.3 容量の抽出

単位面積当たりに，より多くのトランジスタを集積するためには配線を細くする必要があるが，配線抵抗を下げるために配線層を厚くするようになった．その結果，図 4.5(a) に示すように層間 (M1 と M2) 容量よりも，同層の配線間容量の方が大きくなるということは知っておいた方がよい．

並行平板モデルとエッジ効果

容量値の計算は，図 4.5(b) に示すような単純な並行平板モデル ($C = \epsilon S/d$) を用いる方法と，図 4.5(c) に示すようなエッジ効果なども考慮した容量抽出を行う方法とがある．並行平板モデルでは端の電界を無視した分，実際よりもかなり小さな容量値を抽出してしまうことになり，エッジ効果を考慮したモデルの方が正確である．さらに，図 4.5(d) はレイアウトを上から見た図であるが，並行平板モデルでは，容量は M1-M2 の重なり部分および M2-M2 の隣接部分

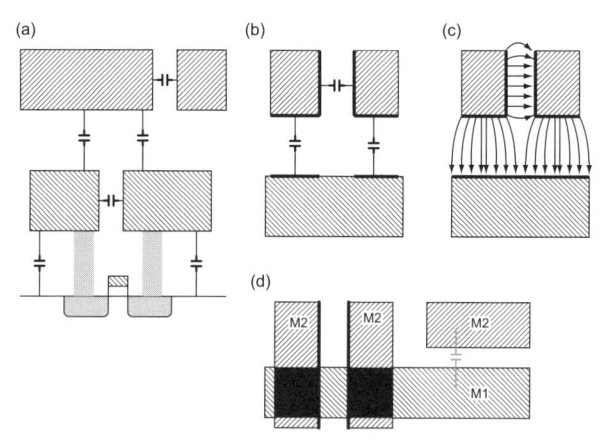

図 4.5 容量の抽出

は容量が存在すると認識するが，M1 と M2 がずれて存在する場合には，容量を認識しないことになってしまう．

数値解析

並行平板モデルでは正確な容量抽出ができないため，数値計算を用いて，エッジ効果を含めた正確な容量値を計算する．基本式はポアソンの式

$$\frac{\partial^2 V}{\partial x^2} + \frac{\partial^2 V}{\partial y^2} + \frac{\partial^2 V}{\partial z^2} = -\frac{\rho}{\epsilon} \tag{4.6}$$

を解いて電位 V を求め（ここでの ρ は抵抗率ではなく電荷密度），

$$\boldsymbol{E} = -\mathrm{grad} V \tag{4.7}$$

から電界を求め，

$$\int \boldsymbol{E} \cdot \boldsymbol{n} dS = \frac{Q}{\epsilon} \tag{4.8}$$

から電荷 Q を求め，

$$Q = CV \tag{4.9}$$

から容量 C を求めることになる．形状が複雑になるとこれらの式を解析的に解くことができないため，領域をメッシュに細かく分割して数値計算する．

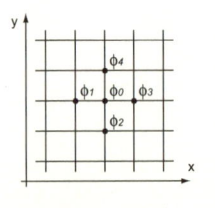

図 4.6 差分法

差分法

簡単のため，2 次元で考える．酸化膜のように，領域に電荷が存在しない場合には $\rho = 0$ となり，式 (4.6) の V を ϕ と表現すると（メッシュに分割して数値計算する分野では，ポテンシャルの記号として ϕ を使う．そこで完成されている理論を容量抽出に応用している），

$$\frac{\partial^2 \phi}{\partial x^2} + \frac{\partial^2 \phi}{\partial y^2} = 0 \tag{4.10}$$

となる．図 4.6 のように領域を分割した場合，ϕ_0 の点に注目すると

$$\left(\frac{\partial^2 \phi}{\partial x^2}\right)_{\phi=\phi_0} = \frac{(\phi_3 - \phi_0)/h - (\phi_0 - \phi_1)/h}{h} = \frac{\phi_1 + \phi_3 - 2\phi_0}{h^2} \tag{4.11}$$

となる．y 方向への偏微分にも同様の式を用いると式 (4.10) は

$$4\phi_0 = \phi_1 + \phi_2 + \phi_3 + \phi_4 \tag{4.12}$$

すなわち，ある点の電位は，そのまわりの電位の平均値に等しい，という関係が得られる．差分法では，分割した各点について境界条件を考慮したこのような差分の連立方程式を作り，それを解くことになる．

たとえば図 4.7(a) のような直角に曲がった 2 導体間の電位分布を求める場合，(b) のようにメッシュを切り，さらに点 4 の電位 ϕ_4 を 0.5 V であると仮定する．点 3, 2, 1, 0 について式 (4.12) を作ると

$$4\phi_0 = 2\phi_1, \quad 4\phi_1 = \phi_0 + \phi_2 + 1, \quad 4\phi_2 = \phi_1 + \phi_3 + 1, \quad 4\phi_3 = \phi_2 + 1.5 \tag{4.13}$$

となり，この連立方程式を解くと点 P の電位 ϕ_0=0.211 V を得る．この場合の「正しい」値は 0.202 V であり，これほど粗いメッシュであっても，それなりの近い値が求められていることがわかる．メッシュをより細かく切ることで，より正しい値に近づくことができる．

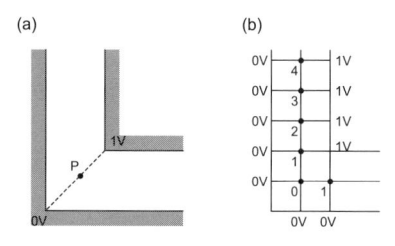

図 **4.7** 差分法による電位分布の計算

有限要素法

有限要素法でもメッシュを切り，分割された単位を有限要素と呼ぶ．有限要素の形は何でもよいが，三角形を使うのが一般的である．有限要素法では，各要素に蓄えられているエネルギーが最小になるような条件を求める．

誘電体中に電界 E があると，単位体積当たり $\epsilon E^2/2$ のエネルギーが蓄えられており，有限要素法ではエネルギーの和

$$W = \frac{1}{2} \int \epsilon E^2 dv \tag{4.14}$$

を最小にする電界分布を求めることになる．図 4.6 をさらに斜めに区切って図 4.8(a) のようなメッシュを考える．領域 1 に蓄えられるエネルギー W_1 は

$$W_1 = \frac{1}{2}\epsilon(E_x^2 + E_y^2)dv = \frac{1}{2}\epsilon\left\{\left(\frac{\phi_0 - \phi_1}{h}\right)^2 + \left(\frac{\phi_4 - \phi_0}{h}\right)^2\right\} \times \frac{h^2}{2} \tag{4.15}$$

$$= \frac{1}{4}\epsilon\{(\phi_0 - \phi_1)^2 + (\phi_4 - \phi_0)^2\} \tag{4.16}$$

となり，6 個の三角形についてエネルギーを求めて和をとると

$$W_{1\sim 6} = \sum_{i=1}^{6} W_i \tag{4.17}$$

$$= \frac{1}{2}\epsilon\{(\phi_0 - \phi_1)^2 + (\phi_0 - \phi_2)^2 + (\phi_0 - \phi_3)^2 + (\phi_0 - \phi_4)^2\}$$
$$+ \frac{1}{4}\epsilon\{(\phi_1 - \phi_5)^2 + (\phi_2 - \phi_5)^2 + (\phi_3 - \phi_6)^2 + (\phi_4 - \phi_6)^2\} \tag{4.18}$$

となる．したがって，全体のエネルギーを最小にする ϕ_0 は次の条件を満たす必要がある．

$$\frac{\partial W_{1\sim 6}}{\partial \phi_0} = \epsilon\{4\phi_0 - (\phi_1 + \phi_2 + \phi_3 + \phi_4)\} = 0 \tag{4.19}$$

図 4.8　有限要素法

図 4.9　ルックアップテーブル

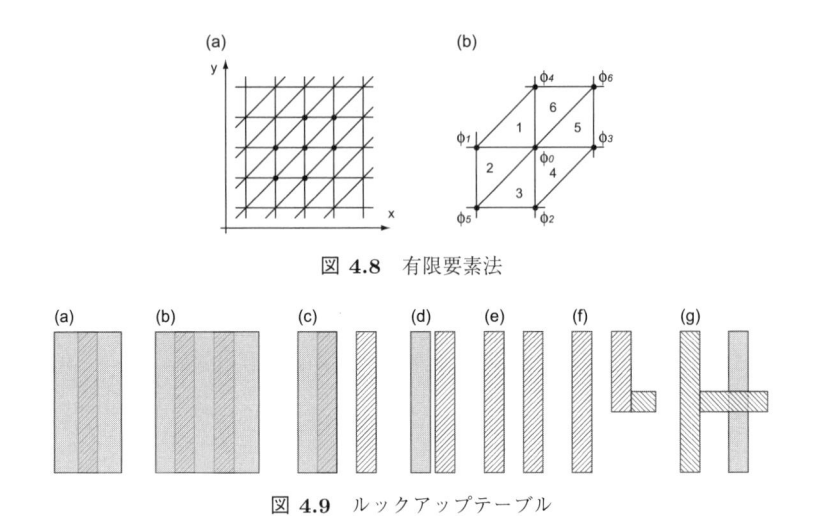

この式は差分法での式 (4.12) と同じである．

有限法も差分法も結局同じ方程式を解くことになったが，有限要素法ではエネルギー最小の原理に基づいている分，一般的であり，差分法は有限要素法の一種と考えることが多い．

このように，並行平板モデルのような解析式ではなく，メッシュを区切って数値計算する解析エンジンのことをフィールドソルバと呼ぶ．

ルックアップテーブル

フィールドソルバを用いると正確な容量抽出が可能であるが，回路規模が大きく数億本の配線すべてに対してフィールドソルバを用いて解いていたのでは永遠に計算が終わらない．かといって，並行平板モデルでは誤差が大きすぎる．実際の RC 抽出ツールではルックアップテーブル方式が使われることが多い．図 4.9 に示すようにいくつかの典型的なパターンに対してフィールドソルバを用いて容量値を計算しておき，実際のレイアウトに対してテーブルで持っている形状を当てはめ，あらかじめ計算していた容量値を基に，レイアウト配線での容量を抽出する．ルックアップテーブルに保持する基本形状の形と数は各ツール毎にさまざまである．

4.3 AD/AS/PD/PS と HDIF 97

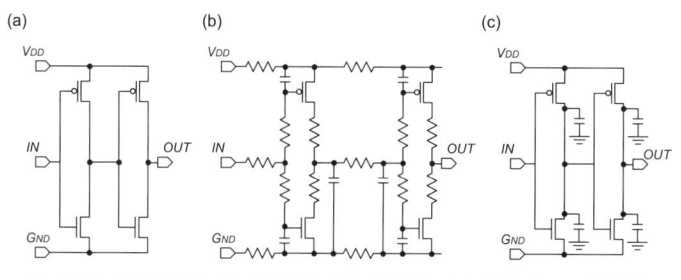

図 **4.10** 配線 RC：(a) 抽出前, (b) 抽出後, (c) 過負荷, の回路図.

4.3　AD/AS/PD/PS と HDIF

配線 RC 抽出を行うと，図 4.10(a) であった回路が (b) のように配線の RC が付加される．さらに,

```
m0 net1 IN  VDD VDD P L=180e-9 W=5e-6
m1 net1 IN  GND GND N L=180e-9 W=2e-6
m2 out net1 VDD VDD P L=180e-9 W=5e-6
m3 out net1 GND GND N L=180e-9 W=2e-6
```

のように AD, AS, PD, PS のないネットリストを用いていた場合は，これが

```
Cg1 M0:GATE 0 8.524e-17
C...
```

```
R1 M0:GATE IN 10.45
R2 M0:DRN NET1:1 10.28
R...
```

```
M0 M0:DRN M1:GATE VDD VDD P l=0.18u w=5u
+   ad=3.35p as=3.35p pd=11.34u ps=11.34u
M1 M1:DRN M0:GATE GND GND N l=0.18u w=2u
+   ad=1.34p as=1.34p pd=5.34u ps=5.34u
M2 M2:DRN M2:GATE VDD VDD P l=0.18u w=5u
```

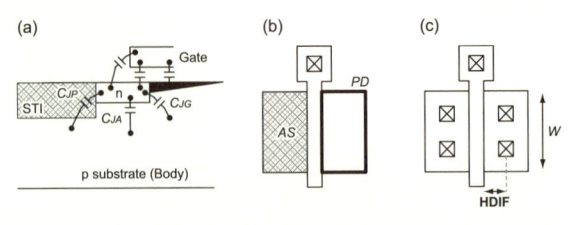

図 4.11 トランジスタの容量

```
+       ad=3.35p as=3.35p pd=11.34u ps=11.34u
M3 M3:DRN M3:GATE GND GND N l=0.18u w=2u
+       ad=1.34p as=1.34p pd=5.34u ps=5.34u
```

となり，配線 RC だけでなく，AD, AS, PD, PS が付加される．ここで，トランジスタの容量としては図 4.11(a) に示すようにゲート容量，接合容量が存在するが，AD, AS, PD, PS は接合容量に関する値であり，ドレインの接合容量は

$$C_D = C_{JA} \times AD + C_{JP} \times (PD - W) + C_{JG} \times W \tag{4.20}$$

と計算される．AD, AS, PD, PS が省略されたネットリストの場合，**HDIF** パラメータが有効な BSIM3 モデルなどでは図 4.11(c) のように仮定して AD, AS, PD, PS を自動的に計算してくれるが，**HDIF** が SPICE パラメータ内に定義されていなかったり，BSIM4 などで **HDIF** を考慮しないモデルでは AD=AS=PD=PS=0 として扱われてしまう（ただしその場合でも，ゲート容量はきちんと計算される）．

これら配線容量・配線抵抗・ソース/ドレイン接合容量の影響で RC 抽出前後の回路特性が大きく変わることになり，たとえば抽出前には 5 GHz で動作していた回路が，RC 抽出後のシミュレーションでは 3 GHz でしか動作しない，などということが起こってしまう．レイアウトが終わった段階でそんなことが起こっては全身青ざめて胃に穴が開いてしまう．回路設計/シミュレーションの段階で，そのような事態を防ぐための何らかの施策が必要である．私が普段使っているのは，

1. **HDIF** を通常よりも大きくする
2. AD, AS, PD, PS を実際よりも大きくする

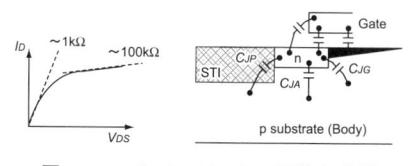

図 4.12 トランジスタの抵抗と容量

のいずれかを用いることで，図 4.10(c) に示すようにトランジスタのソース・ドレインに配線 RC に相当するダミーの容量を加える，という方法である．BSIM3 モデルでは，SPICE パラメータ内の **HDIF** を自分で書き換えるのである．それは禁止されている，とか，SPICE パラメータが暗号化されていて編集できない，とか，BSIM4 モデルなので **HDIF** が使えない，などの場合は AD, AS, PD, PS なしのネットリストを出力後，自分で AD, AS, PD, PS を計算して書き加える．「自分で書き加える」と言っても，テキストエディタで書き換えるのはとってもメンドウなので，変換するための C プログラムなり，perl スクリプトなりを自分で作ることになる．筆者の場合は，**HDIF** を修正する場合は，プロセスで決まった値の 2.5〜3 倍，AD, AS, PD, PS を付加する場合は，HDIF=$5L$（5 という数字はおおよその目安．プロセスや設計毎に調整すること）として W の値に応じて AD, AS, PD, PS を計算してネットリストを修正している．

このようにすることで，RC 抽出前後での特性の違いをなるべく小さく抑えて RC 抽出後は必要最小限の微調整で済むようにできる．

4.4 代表的なオプション

RC 抽出ツールではさまざまなオプションがあるが，特に注意すべきオプションについて述べる．

4.4.1 C 抽出と RC 抽出

配線抽出を行う場合，容量のみの抽出とするか，抵抗・容量の両方を抽出するかを指定する（抵抗のみを抽出することはほとんどない）．抽出にかかる時間はそれほど大きな差は出ないが，抽出結果に対して SPICE シミュレーションする場合に，シミュレーション時間に大きな差が出てくる．したがって，抵抗の影響が小さい場合は，容量のみの抽出とする．

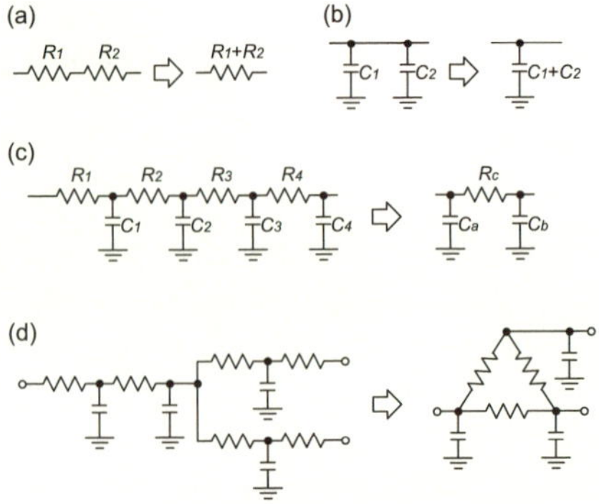

図 4.13 RC のコンパクション

100 nm 程度のプロセスでは，配線抵抗が数十 mΩ/□，ビア（配線–配線）1 個当たり数 Ω，コンタクト（配線–ゲート/ソース/ドレイン）1 個当たり数十 Ω というのがおおよその目安であろう．一方，通常の（ロジックに使用するような）トランジスタサイズにおけるトランジスタのオン抵抗は図 4.13 に示すように数百 Ω から数 kΩ 程度となり，それに比べると配線抵抗は無視できる場合が多い．一方，容量に関しては，配線 $1\,\mu$m 当たり 0. 数 fF 程度に対して，トランジスタの容量（ゲート容量および，ソース・ドレインの基板との接合容量の和）はゲート幅 $1\,\mu$m 当たり数 fF 程度となり，配線容量は無視できない程度の大きさとなる．したがって，通常は容量のみの抽出を行い，なが一い配線，クロック，大きなトランジスタを使った場合などの気になる部分では RC 抽出を行うことが多い．

4.4.2　コンパクション

　容量抽出では，前述のルックアップテーブルに当てはめるため，かなり細かく領域を分割して抽出する．それに伴って抵抗も分割して抽出される．その結果，膨大な RC ネットワークとなってしまい，シミュレーションに時間がかかってしまう．RC 抽出ツールでは，RC コンパクション機能を持っており，精度をあまり落とさない範囲で RC の素子数を削減してくれる．図 4.13(a), (b) は当然のことであるが，ある周波数範囲の中で精度を落とさない程度に (c) などの RC ラダーのコンパクションや，(d) のように Y 配線を Δ 配線へと変形することで素子数を減らすなどの操作を行う．

　当然ながら，コンパクションをすると実際の回路と異なることになり，精度

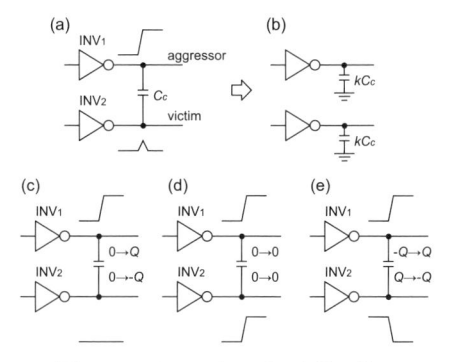

図 4.14　クロスカップル容量の扱い

という点では悪くなる方向になる．必要な精度とシミュレーション時間との兼ね合いを見ながら，抽出ツールのコンパクション強度を指定する

Elmore 遅延モデル

RC ラダーの遅延（時定数）を求めるのに Elmore Delay モデルと呼ばれる近似式がある．たとえば，図 4.13(c) での RC 抵抗の時定数 τ_{Elmore} は

$$\tau_{Elmore} = C_1 R_1 + C_2(R_1 + R_2) + C_3(R_1 + R_2 + R_3) + C_4(R_1 + R_2 + R_3 + R_4) \tag{4.21}$$

となる．ここで，$R_1 = R_2 = R_3 = R_4 = R$, $C_1 = C_2 = C_3 = C_4 = C$ の場合は

$$\tau_{Elmore} \approx 4R \cdot 4C/2 \tag{4.22}$$

と近似できる．実際の遅延は $0.38 \times (4R \cdot 4C/2)$ であり，なかなかの値であると同時に，遅延が大きく見積もられる傾向にあることもわかる．これを図 4.13(c) 右側の π モデルで近似する場合には，抵抗および容量の値を $R_c = 4R$, $C_a = C_b = 4C/2$ とする．

コンパクションのモデルとして，AWE (Asymptotic Waveform Evaluation) 呼ばれるモデルもあり，これは，RC ネットワークの極を求め，近くの極を中間の周波数にマージすることによって極の数を減らして，最終的な RC ネットワークを簡略化するという方式である．名前くらいは覚えておくとよい．

4.4.3 クロスカップル容量の扱い

配線容量は常に電源・グランドに対して持っているわけではなく，図 4.14(a) に示すように配線と配線との間に存在する場合があり，実際に配線 RC 抽出ツールでは，このようなネットリストを出力する．このように電源やグランドに終端するのではなく，配線間に接続される容量をクロスカップル容量と呼ぶ．

この例では，INV_1 の出力が変化すると容量 C_c を通じて INV_2 の出力電圧にも信号の一部が伝達してスパイクノイズが発生することになる．このような現象をクロストークと呼び，この例では INV_1 出力ノードがノイズの発生源側でアグレッサ，INV_2 出力ノードはノイズの被害者でビクティムと呼ぶ．アナログ回路設計では配線遅延だけでなく，クロストークノイズによる影響も考慮に入れて設計する必要がある．

また，2.2 節で学んだ高速 SPICE を用いてシミュレーションする場合，この構造では INV_1 と INV_2 をパーティショニングできずに計算時間の増加を招くため，クロスカップル容量を (b) のようにグランドにターミネーションさせる場合がある．その場合，容量が遅延に与える影響はどうなるであろうか．INV_1 の遅延に注目すると，図 4.14(c), (d), (e) に示すように，INV_1 出力の変化に必要な電荷量が INV_2 の動作状況に応じて変わる．(c) のように INV_2 出力の変化が無い場合に必要な電荷量を Q とすると，(d) のように INV_1, INV_2 が同時に同じ方向に変化する場合は C_c に電荷をためる必要はなく，(e) のように INV_1 と INV_2 が同時に逆方向に変化する場合は $2Q$ の電荷量を移動させる必要がある．したがって図 4.14(b) に示すように，クロスカップル容量を等価的にグランドに終端させる場合には，相手が動かない場合は $k=1$，相手が同時に同一方向に動く場合は $k=0$，相手が反対方向に動く場合は $k=2$ となる．遅延計算では，配線遅延を実際よりも大きく見積もって設計する方が安全な設計となるため，$k=2$ として変換することが多い．

抽出ツールでは，上記のような事項を考慮しながら，クロスカップル容量をそのままの形にするのか，$k=1$ もしくは $k=2$ にしてグランドに終端するのかを指定する．

4.4.4 電源線の扱い

電源線はチップ全体にまたがって広大で複雑な配線となり，電源線に配線 RC 抽出を行うと膨大な RC 素子が抽出されるだけでなく，2.2 節で学んだ高速

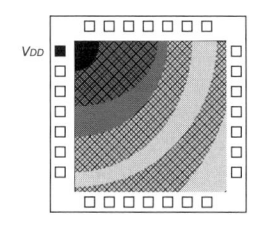

図 4.15　電圧降下分布

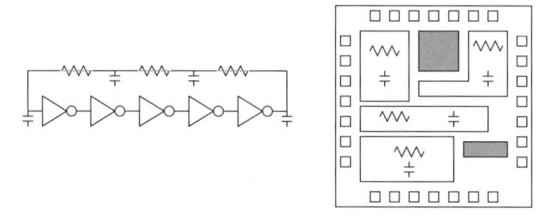

図 4.16　ノード指定とセル指定

SPICE でのパーティショニングができなくなってシミュレーションに膨大な時間がかかることになり，配線 RC 抽出は行わずに理想電源としてシミュレーションすることが多い．

一方で，電源線に抵抗があると，トランジスタのスイッチング電流による電圧降下（IR ドロップ）によって電源電圧が下がり，遅延の増大による動作不良の原因になる．したがって，電源線の RC 抽出結果を用いて，電源端子から各トランジスタ端子までの抵抗値分布を求めるツールや，各ブロックのスイッチング確率からおおよその電流値を見積もって図 4.15 に示すような電圧降下分布を求めるツールが別途存在する．必要に応じてそれらのツールを使用する．

また，電源線は CLK 配線と並んで特殊かつ重要な配線であり，レイアウトの際には線幅を太くしたりメッシュ構造にするなど，電圧降下が起こらないように特に注意が必要である．

4.4.5　ノード指定・セル指定

回路の中で指定した一部の配線のみ RC 抽出をする，とか，一部のセル（SPICE の SUBCKT 単位）のみ RC 抽出する/しない，などの指定が可能である．

たとえば，図 4.16 に示すように，長くなりそうな配線のみ正確に RC 抽出して他は AD/AS/PD/PS を多少余分につけておくだけでよいだろう，とか，クロック配線や特にノイズに弱い重要な配線のみ RC 抽出したり，また，全体ブ

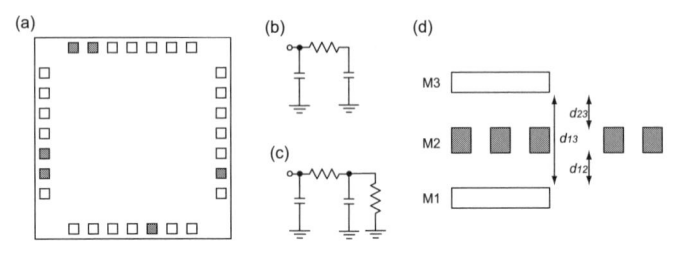

図 4.17 フローティングノードとダミー

ロックの中で低速で動作するセルは RC 抽出をスキップしたり，アナログブロックのみに RC 抽出をかけてデジタルブロックは RC 抽出しないなど，全体の精度と RC 抽出・シミュレーション時間との兼ね合いをみつつ適切な範囲で RC 抽出しながら設計を進め，検証を行う．

4.4.6 フローティングノードとダミーの扱い

たとえば，図 4.17(a) に示すようなパッドに対して，未使用パッドがある場合，(b) に示すように DC パスの無い独立した容量が抽出される．一般的に SPICE シミュレータは (b) のような回路に対してはノードの電圧は不定になるためにシミュレーションできず，(c) のように大きな抵抗をグランドに対して自動的に付加することでシミュレーションすることになるが，それでもこのような回路のシミュレーションを行うと収束性が悪くなり，シミュレーションに時間がかかってしまう．このような事態を防ぐため，フローティングノードは無視する，というオプションを指定することをオススメする．

また，図 4.17(d) に示すように，たとえばレイアウトに M1 と M3 のみしか存在しない場合には CMP での面内不均一を防ぐために M2 のダミーが挿入される．配線 RC 抽出を，ダミー発生前に行うか，ダミー発生後に行うかはなかなか難しい問題である．当然ながらダミー発生後のレイアウトに対して抽出を行うのが最も実際の状態に近いわけであるが，大量のダミーが挿入されていると

- 配線 RC 抽出に時間がかかる

- 抽出後，ノード数が膨大になりシミュレーションに時間がかかる

などの理由と，そもそも，ダミーはマスク製造時に挿入されるため，設計者はダミー発生後のレイアウトを見ない（見せてもらえない？）ことが多い，などという事情もある．そういうわけで，通常はダミー発生前のレイアウトに対し

4.4 代表的なオプション 105

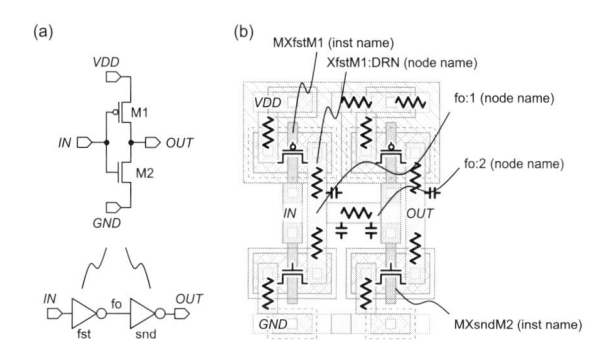

図 4.18 XREF

て配線 RC 抽出を行う．たとえば図 4.17(d) の場合，ダミー無しの場合の M1 と M3 との距離は d_{13} であるが，ダミー有りの場合はダミーメタルの抵抗を無視すると M1 と M3 との距離が等価的に $d_{12} + d_{23}$ に近くなり，ダミーを考慮せずに RC 抽出を実行すると実際よりも小さな容量を抽出してしまうことになる．配線 RC 抽出後のシミュレーションが実際の測定と合わないときは，このような可能性も検討の余地がある．また，もしダミー有りで RC 抽出を実行する場合には大量のフローティングノードが発生するため，フローティングノード無視のオプションは必須である．

4.4.7 LVS との XREF

配線 RC 抽出によってトランジスタと抵抗・容量を含んだネットリストを生成するが，レイアウトのみから RC 込みのネットリストを生成する場合，端子名のラベル以外の部分は M1, M2, NET1:0, NET1:1, NET2:0, NET2:1 などのように適当に名前が振られ，そのまま SPICE シミュレーションを実行した場合，波形の確認の際にどのノードの波形を見ればいいのかがわからなくなってしまう．

通常，配線 RC 抽出は LVS の後に行う．したがって，LVS の際に参照したネットリストのネット名・インスタンス名に基づいて配線抽出ネットリストのノード名を付けることができる．すなわち，回路図エディタ上で図 4.18 のようにネット名・インスタンス名を付けた場合，トランジスタは `MXfstM1` や `MXsndM1` などのような名前（SPICE では X は SUBCKT インスタンスを表す）となり，トランジスタ端子は `XfstM1:DRN`, `XfstM1:GATE`，トランジスタ端子以外のノード名も `f0:1`, `f0:2` などとなり，回路図上で意味のある名前を付けておけば，配

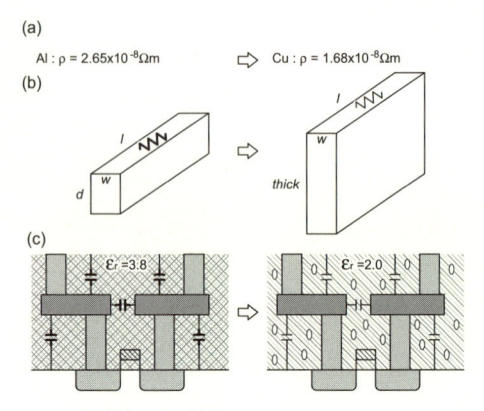

図 4.19 (a) Al 配線と Cu 配線, (b) Thick Metal, (c) Low-K 材料

線抽出ネットリストでの名前もわかりやすくなる.

4.5 配線 RC の低減

配線 RC によって動作速度は遅くなり, 消費電力は増える. ここでは配線 RC を減らすための手法について述べる.

4.5.1 プロセス技術

Al 配線と Cu 配線

配線に低抵抗の材料を使うことで抵抗値を減らすことができる. 以前はアルミニウム ($\rho = 2.65 \times 10^{-8} \Omega \cdot \mathrm{m}$) を使用していたが, 現在では銅 ($\rho = 1.68 \times 10^{-8} \Omega \cdot \mathrm{m}$) が使用されることが多い (図 4.19(a)).

Thick Metal

抵抗値は配線の断面積に反比例する. 配線層の厚みは通常は数百 nm であるが, これを数 μm の厚みにすることで, 断面積を大きくしてシート抵抗を下げることができる (図 4.19(b)).

Low-K

並行平板容量は $C = \epsilon S/d$ で表すことができる. 配線間の絶縁酸化膜に誘電率

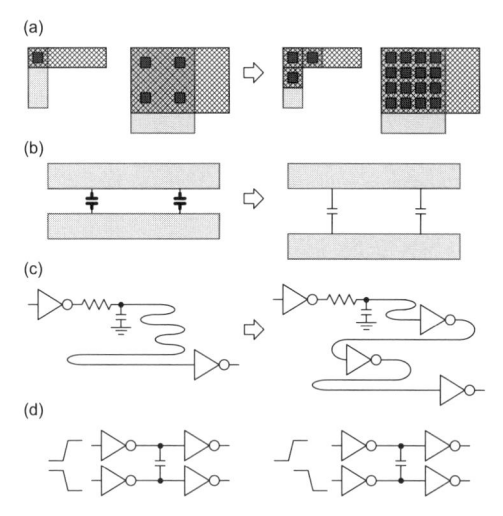

図 4.20 (a) マルチビア，(b) 配線間隔，(c) リピータ，(d) 同時スイッチング

の低い (low-K) 材料を使うことで容量を小さくすることができる．以前は SiO_2 酸化膜（比誘電率 3.8 程度）を使用していたが，最近では有機ポリマーを使用したり，絶縁膜に空気の孔を導入するなどして誘電率を下げている（図 4.19(c)）．

4.5.2 設計技術

マルチビア

通常，ビアやコンタクトホールは形状が決まっている．ビアやコンタクトの抵抗を下げるために複数のビア・コンタクトを打つ．特に電源線には大きな電流が流れるため，なるべく太い配線でなるべくたくさんのコンタクトを打つべきである（図 4.20(a)）．また，複数のビアを打つことで，製造時のアクシデントで 1 つのコンタクト・ビアが導通しない場合であっても正しい回路動作を得ることができる．

配線間隔

配線と配線の間隔を広く取ることで，容量を下げることができる．配線が混雑していて最小間隔で引かなければならない場合は仕方がないが，スペースに余裕がある場合はなるべく間隔を広げるとよい（図 4.20(b)）．

リピータ

ながーい配線があって大きな抵抗・容量が付いてしまう場合には，信号の立ち上がり・立ち下がりがなまってしまうのを防ぐため，途中にリピータを挿入する（図 4.20(c)）．また，リピータを使用した方が全体の遅延も小さくなることが多い．配線 RC を減らす手法ではないが，配線 RC を考慮した設計としてよく使われる．

同時スイッチング

クロスカップル容量は，互いに反対方向への同時スイッチングが起こると容量が等価的に 2 倍に見えてしまい，遅延が増加する．可能であれば同時スイッチングが起こらないようにタイミングをずらすような回路にすることで，遅延の増加を防ぐことができる（図 4.20(d)）．こちらも配線 RC を減らす手法ではないが，配線 RC を考慮した設計として主にデジタル回路の設計時に使われることが多い．

第5章

IOバッファ

欲しい機能を実現する回路は設計した．でも，チップの外とどうやって信号をやりとりすればいいのだろうか．回路図では単に線でつなげればいいんだけど，実際はそうはいかないよねぇ...

5.1 チップ間の信号経路

チップとチップを接続して信号をやりとりする場合，図 5.1 に示すように，チップ内部に接続されたパッドから信号が出力され，ボンディングワイヤ，パッケージのリードフレーム，ボード上の伝送線路を通じて相手チップのリードフレーム，ボンディングワイヤ，パッドを経由してようやく受信回路に入力されることになる．

これらの経路は，抵抗・容量・インダクタンスが複雑にからみあったインピーダンスを持つため，このような経路を通じて信号をきちんと送受信するには，それぞれの経路のインピーダンスを見積り，それに応じた入出力の回路を設計する必要がある．

5.1.1 パッド

チップレイアウトを見ると図 5.2(a) のような四角の図形がチップ周辺に並ん

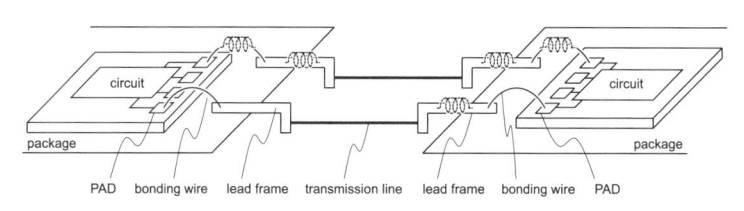

図 5.1 チップ間の信号経路

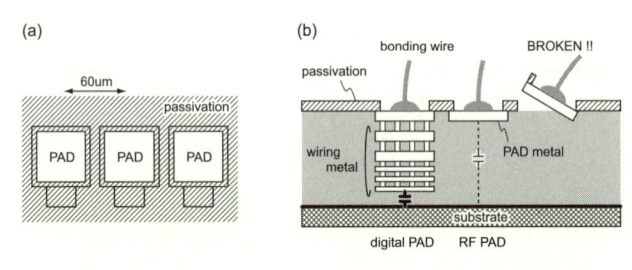

図 5.2 (a) パッドのレイアウト，(b) パッドの断面図

でいることが多い．これをパッド（IO [アイオー] パッドとも言う）と呼ぶ．近年のプロセスでは，パッド間隔は $60\,\mu m$ 程度となっている．また，大きな面積を占めるため，基板表面に対して数百 fF～1 pF 程度の寄生容量を持つ．

チップ内部にゴミや水分などが侵入しないようにチップ表面はパッシベーション膜と呼ばれる膜で覆われている．パッシベーション膜の材料としてポリイミドが使用されることが多い．ここで，パッド部分はパッシベーションに窓が開いており，この窓を通してチップの内と外で信号を送受信する．

パッドの断面図を図 5.2(b) に示す．最上層のメタルはパッドメタルと呼ばれ，パッドとして使用される．パッドの下にはビアで接続されたすべての配線層を敷く場合（デジタルパッド）と，何も置かない場合（RF パッド）とがある．RFパッドは基板に対する寄生容量が小さくなるため，高速信号を入出力する場合にはRFパッドを使用することがある．ただし，図 5.2(b) に示したように，RFパッドはボンディングの際に壊れる危険性があるため，機械的強度の高いデジタルパッドを使用することも多い．寄生容量が大きくなってしまうが，壊れるよりはマシである．

5.1.2 パッケージとボンディングワイヤ

パッケージには QFP (Quad Flat Package), SOP (Small Outline Package), BGA (Ball Grid Array) など，さまざまな形状がある．材質としては，セラミックを用いたセラミックパッケージやプラスチックを用いたプラスチックパッケージがある．一般的にセラミックパッケージは，伝送線路を作りこんだり，パッケージ内に容量を付けることができたり，フタを外す構造を作れるなど，多機能である．しかし非常に高価となり，パッケージ 1 個 1 万円程度となることもある．プラスチックパッケージは，器用なことはできないが 1 個数円程度と安価である．

5.1 チップ間の信号経路

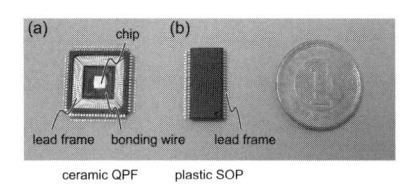

図 **5.3** パッケージの写真

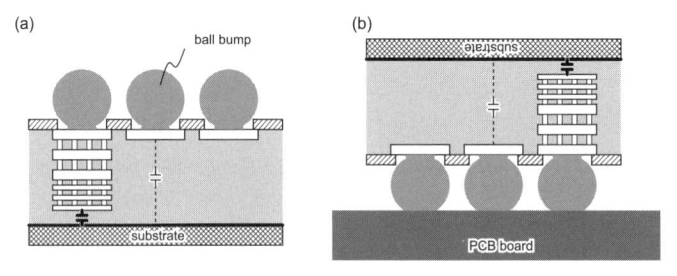

図 **5.4** フリップチップボンディング：(a) バンプの形成，(b) ボンディング．

図 5.3 に手元にあったセラミック QFP パッケージとプラスチック SOP パッケージの写真を示す．セラミックパッケージはフタを開けてボンディングワイヤやリードフレームもいっしょに見えるようにしてある．ボンディングワイヤには直径数十 μm の金線が一般的に使用される．

さて，リードフレームとボンディングワイヤであるが，ある程度のインピーダンスを持つことは想像できるであろう．目安として「1 mm 1 nH」と思っておくとよい．もちろん抵抗や容量成分も持つが，インダクタンスに比べると無視できる程度だと思ってよい．図 5.3 では数 nH のインダクタンスを持っている．インダクタンスを持つと高速の信号波形が乱れてしまったり，内部スイッチングによって大きな電源ノイズが発生してしまったりするため，インダクタンスを抑える必要がある．また，チップサイズに対してパッケージサイズが大きくなり，機器の小型化の支障にもなる．これらを解消するために CSP (Chip Size Package) や，図 5.4 に示すようにパッケージを用いないフリップチップボンディングが用いられることもある．

ただし，フリップチップボンディングはチップの扱いが難しいため，近年では図 5.5 に示すようなマルチチップパッケージも用いられるようになっている．こうすることで，小型化を実現すると同時に，高速の通信をするチップを同じパッケージに入れることで低インピーダンスでの接続も可能となる．

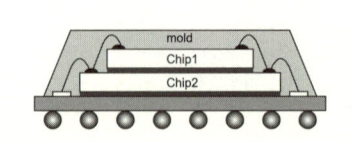

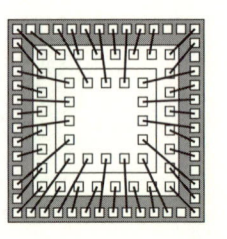

図 **5.5** マルチチップパッケージ

5.1.3 伝送線路

特性インピーダンス

図 5.6(a) のような「長い」配線で結ばれた抵抗 R_s, R_L に対して，V_0 の電圧を与えると，どうなるであろうか？ 流れる電流は，立ち上がりの瞬間から $V_0/(R_s+R_L)$ となるだろうか？「長い」配線の先には R_L の抵抗が付いている，ということをいつどうやって知るのだろうか？

配線の抵抗を無視すると，(「長い」配線に限らず) あらゆる配線は図 5.6(b) に示すようにインダクタと容量を持っている．単位長さ当たりのインダクタ L と単位長さ当たりの容量 C として

$$Z_0 = \sqrt{\frac{L}{C}} \tag{5.1}$$

を特性インピーダンスと呼ぶ．長い配線の先に何が付いているか知らない電流は，図 5.6(c) に示すように配線の特性インピーダンス Z_0 が先に付いていると感じながら突入していく．すなわち，最初は $I = V_0/(R_s+Z_0)$ の電流が流れ込むことになる．光速 c で伝わる電流は，抵抗 R_L まで辿り着く．それまで Z_0 が付いていると感じていたにもかかわらず，実際には R_L が付いていることを発見した電流は... どうなるのだろう？

終端と反射

「長い」配線の先に付いているインピーダンスを調整することで，さまざまな現象が起こる．これを「終端」と呼ぶ．

最初に線路に流れ込む電流 I_{1f}，電圧 V_{1f} はそれぞれ $I_{1f} = \frac{V_0}{R_s+Z_0}$, $V_{1f} = \frac{Z_0}{R_s+Z_0} V_0$ である．Z_0 で終端 ($Z_L = Z_0$) した場合には，先に Z_0 が付いている

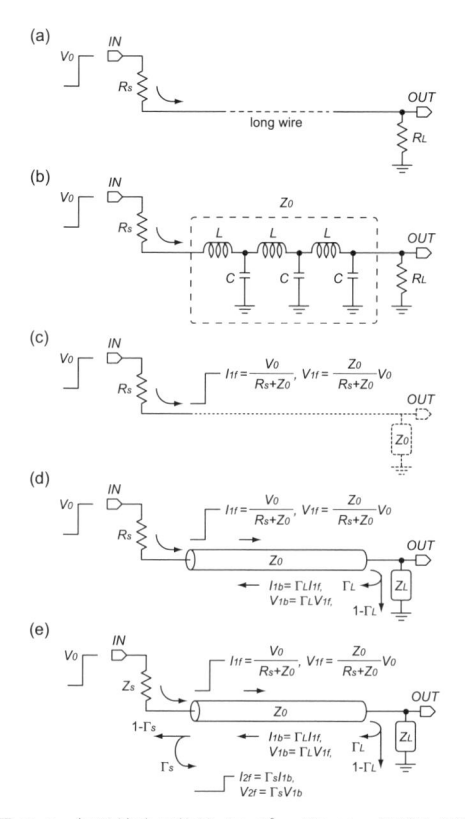

図 5.6 伝送線路の特性インピーダンス，終端と反射

と思って進んできた電流は実際に Z_0 が付いていることで，そのまま G_{ND} へと流れ込む．これを整合終端もしくはインピーダンスマッチングと呼ぶ．

一方，Z_0 ではなく Z_L が付いていた場合は，一部の電流は図 5.6(d) に示すように「反射」して戻ってくる．反射率を Γ_L とすると，反射して戻る電流 I_{1b}，V_{1b} はそれぞれ $I_{1b} = \Gamma_L I_{1f}$（左向きを正とする），$V_{1b} = \Gamma_L V_{1f}$ であり，反射せずに Z_L に流れ込む電流は $I_{1L} = (1-\Gamma_L)I_{1f}$ となる．このとき，右端での電圧は $V_{1L} = V_{1f} + V_{1b}$ であるが，これは終端 Z_L に発生する電圧に等しい．すなわち

$$V_{1f} + \Gamma_L V_{1f} = (1-\Gamma_L)I_{1f}Z_L \tag{5.2}$$

であり，この式と $V_{1f} = I_{1f}Z_0$ から反射率 Γ_L が

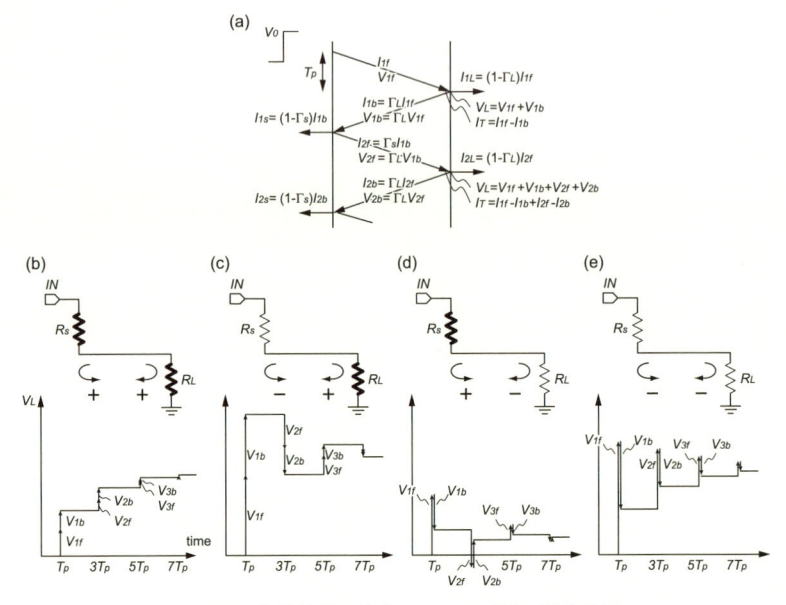

図 5.7 終端抵抗の大きさによる反射の様子分類

$$\Gamma_L = \frac{Z_L - Z_0}{Z_L + Z_0} \qquad (5.3)$$

のように得られる．反射して戻ってきた電流は図 5.6(e) に示すように再び

$$\Gamma_s = \frac{Z_s - Z_0}{Z_s + Z_0} \qquad (5.4)$$

で反射され，一部が右側に流れていき，これらの反射を繰り返しながら最終的な電流・電圧値に落ち着くことになる（$|\Gamma_s \Gamma_L| < 1$ の場合は必ず収束する）．

ここで，たとえば図 5.6(e) 状態における右向きの電流値は $I_{1f} - I_{1b} + I_{2f}$ となり，電圧値は $V_{1f} + V_{1b} + V_{2f}$ となる．電流は右向き左向きでプラスとマイナスが入れ替わり，電圧には向きがない，ということに注意．

信号が反射する様子を模式的に示したのが図 5.7(a) である．信号が進む様子を横軸に，縦軸には時間を示している．右端の点（受信端）では時刻 T_p で信号が到達し，そのときの電圧は $V_{1f} + V_{1b}$ となる．反射波 V_{1b} は左端の点（送信端）で再び反射され，時刻 $3T_p$ で再反射波が受信端に到達し，そのときの電圧は $V_{1f} + V_{1b} + V_{2f} + V_{2b}$ となる．式 (5.3) によると，終端抵抗が特性インピーダンスより大きい場合 ($Z_L - Z_0 > 0$) には反射係数は正であり，小さい場合

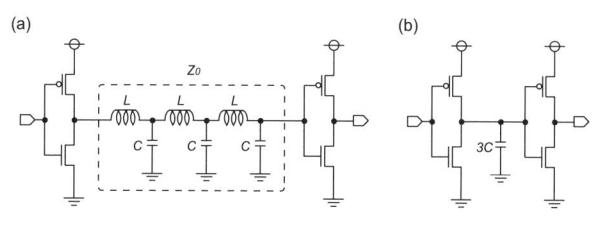

図 5.8 分布乗数と集中乗数

($Z_L - Z_0 < 0$) は反射係数が負になる．したがって，送信端/受信端インピーダンスが特性インピーダンスより大きい/小さいで 4 種類の組み合わせが考えられ，それぞれの場合の受信端での電圧波形を図 5.7(b)–(e) に示す．最終電圧に向かって単調に漸近する場合と振動しながら漸近する場合がある．

また，極端な例で，$Z_s = Z_0$ (整合終端)，$Z_L = \infty$ (オープン終端) の場合は，図 (b)，(c) の中間となり，$I_{1f} = V_0/(2Z_0)$，$V_{1f} = V_0/2$，$\Gamma_L = 1$，$I_{1b} = \Gamma_L I_{1f} = I_{1f}$，$V_{1b} = \Gamma_L V_{1f} = V_{1f}$，$\Gamma_s = 0$，$I_{2f} = 0$，$V_{2f} = 0$ となる．すなわち受信端の電圧は，信号到達まではゼロ，到達時 T_p に $V_0/2$ となるが，到達と同時に反射が起こって V_0 になる ($V_{1f} = V_{1b} = V_0/2$，$V_{1f} + V_{1b} = V_0$)．右向きの電流は信号到達まではゼロ，到達時に I_{1f} となるが，到達と同時に反射が起こってゼロになる ($I_{1f} = I_{1b}$，$I_{1f} - I_{1b} = 0$)．送信端の電圧は，反射波の到達直前は $V_0/2$ であり，反射波が到達すると V_0 になる．送信端の右向き電流は，反射波の到達直前は I_{1f} であり，到達後はゼロになる．再反射は起こらない ($\Gamma_s = 0$)．

集中定数と分布定数

厳密にはすべての配線は伝送線路であり，図 5.8(a) に示すように LSI 内部のインバータが次段のインバータを駆動するような場合でも，配線内部でこのような反射を繰り返しながら定常状態へと落ち着く．しかし，配線が短く反射の周期が短いために反射はほとんど観測されず，図 5.8(b) に示すように配線は単なる抵抗と容量とで近似して扱っても差し支えなく，これを集中定数回路と呼ぶ．一方，図 5.6 のように，素子が全体に分布しているように考える場合を分布定数回路と呼ぶ．1 つの目安としては，配線長が波長の 1/6 以下であれば集中定数回路として扱い，1/6 以上であれば分布定数回路である伝送線路として扱う必要がある．たとえば 10 GHz の場合は真空中での波長は 3 cm，その 1/6 は 5 mm．すなわち，10 GHz 動作の LSI では 5 mm (100 MHz では 50 cm) よりも長い配線は伝送線路として扱うことになる．

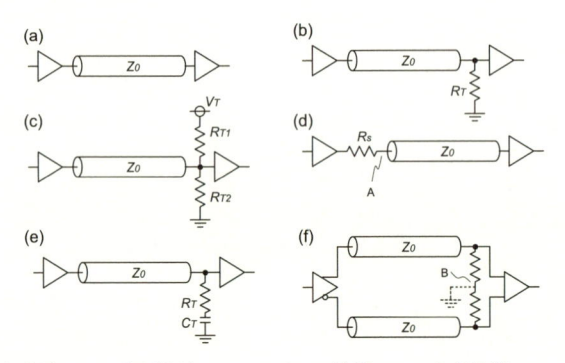

図 5.9 (a) 無終端, (b) 並列終端, (c) テブナン終端, (d) 直列終端, (e) AC 終端, (f) 相補型並列終端

50 オーム

特性インピーダンスであるが，50 Ω が最も一般的に使用されている．パワー伝送の観点では 30 Ω が使いやすく，信号損失の観点からは 75 Ω が使いやすく，その中間で切りのいい数字である 50 Ω が標準になったんだとか．

5.1.4 終端方式

終端にも図 5.9 に示すようにさまざまな方式がある．以下では，送信回路・受信回路ともに CMOS のインバータであり，また，$Z_0 = 50\,\Omega$ として説明することにする．

(a) 終端をしない場合であり，伝送レートに対して信号線が短い場合，すなわち配線を集中定数として扱っても構わない場合に用いられる．信号レベルは V_{DD}-G_{ND} 間でフルスイングすることになる．

(b) 並列終端と呼ばれ，最も単純な形である．受信回路の入力インピーダンスが無限大の場合は $R_T = Z_0$ の抵抗で終端する（受信回路の入力が MOS のゲートに接続されており，ゲートリーク電流を無視できて，そのゲート容量インピーダンスが 50 Ω に比べて十分大きい場合：$|1/j\omega C| \gg |Z_0|$ など）．オシロスコープなどの測定器入力のほとんどがこの構造を取っており，実験室測定との相性の良さから研究・開発段階では広く使われる．ただし，消費電力が大きい，消費電力が信号の H/L 比に依存する（H の割合が高いほど消費電力が大きい），L レベルは G_{ND} まで下がるが H レベルが $R_T V_{DD}/(R_o + R_T)$ までしか上がらないというアンバランスがある，などの欠点がある．ここで R_o は送信回路の出力インピーダンスである．

(c) テブナン終端と呼ばれる．$R_{T1}//R_{T2} = 50$ となるように設計し，また，送信回路の出力インピーダンスに応じて R_{T1}, R_{T2}, V_t を調整することで出力信号レベルも調整することができる．また，H/L 伝送時の消費電力も変わらない．ただし，終端素子数の増加，V_t 電源が必要，フローティング状態でも電力を消費してしまう，などの問題がある．

(d) 直列終端と呼ばれる．$R_o + R_s = 50$ となるように R_s を決める．このとき，A の電圧は信号出力直後は $V_{DD}/2$ であり，その信号が受信端に到達後，受信端はオープンと考えると反射率 $\Gamma_L = 1$ で反射するため，受信端での電圧は V_{DD} となる．反射されて戻ってきた電圧は送信端に到達すると，そこでは $50\,\Omega$ で終端されているため，さらなる反射は起こらずに送信回路に吸収される．この方法は消費電力も低く 1:1 通信ではよく使用されるが，1:N 通信では使用することができない．

(e) AC 終端と呼ばれ，$1/j\omega C_T \ll 1$ となる高速の信号伝送で用いられる．DC 電流が流れないために低消費電力となるが，低速の信号では C_L が負荷容量に見えてしまって速度の低下を招くことになる．また，H/L 比が同じ，かつ，連続 1 や連続 0 の少ない場合でないと使用できない．さらに，C_T を別途使用することによるコスト上昇や実装の難しさもある．

(f) 相補並列終端と呼ばれる．2 線が必ず 0/1 もしくは 1/0 の相補信号を送る場合，受信端の B 点は仮想接地となり電圧は変動しない．したがって，それぞれの伝送線路から B 点に向かって $50\,\Omega$ の抵抗で終端すれば (b) の並列終端となるが，B 点は仮想接地であるので，結局 $100\,\Omega$ の抵抗で 2 線間を終端すれば良いことになる．相補信号の伝送では広く用いられている．

5.1.5 電圧レベル

信号を伝送する際には H:V_{DD}/L:G_{ND} とする場合もあれば，H:1.425 V/L:1.075 V などとする場合もあり，さまざまな電圧レベルが規格化されている．ここで，送信側・受信側で使用プロセスが異なって電源電圧が違っていたりするとなかなか難しいものがある．たとえば 65 nm 1.2 V と 0.35 μm 3.3 V のチップが通信する場合，65 nm であっても IO だけは 1.8 V や 3.3 V の高耐圧トランジスタを使用することになる．代表的なものとしては LVDS (Low Voltage Differential Swing)，PECL (Pseudo Emitter Coupled Logic)，LVPECL (Low Voltage PECL)，CML (Common Mode Logic) などがあり，それらの電圧レベルを表 5.1 にまとめた．高速信号伝送では，以前広く使用されていた −5.2 V を

表 5.1 IO の電圧レベル

	LVDS	PECL(5 V)	LVPECL(3.3 V)	CML	CMOS
TX V_H	1.425 V	4.0 V	2.3 V	V_{DD}	V_{DD}
TX V_L	1.075 V	3.2 V	1.6 V	$V_{DD} - 0.8V$	G_{ND}

電源電圧とするバイポーラトランジスタでの ECL (Emitter Coupled Logic: H レベルが -0.9 V, L レベルが -1.7 V) の流れを汲んでいて, PECL はそれを CMOS に置き換えたものであると考えてよい.

5.2 ESD

乾燥した冬にセーターを着てドアノブを触ろうとして, バチッと放電した経験があると思う. このとき, 瞬間的に数千ボルトの電圧がかかっていると言われる. これを ESD (Electro Static Discharge) と呼ぶ. この放電先がドアノブではなく, LSI チップだったら何が起こるだろうか? 当然ながらチップが破壊されてしまう.

5.2.1 ESD モデル

この ESD であるが, 図 5.10 に示すように, いくつかの標準的な放電モデルが存在する.

(a) HBM (Human Body Model) と呼ばれ, 帯電した人がチップに触るというモデルである. $C_D=100$ pF, $R_D=1.5$ kΩ で実験され, 数百〜数千 V の電圧をかける. 数百 ns にわたって高電圧がかかる.

(b) MM (Machine Model) と呼ばれ, 帯電した機械がチップに触るというモデルである. $C_D=200$ pF の容量に電荷を溜めた後, 抵抗を介さずにチップに接触させる. 100〜400 V の電圧をかける. 数 ns に渡って高電圧がかかる.

(c) CDM (Charged Device Model) と呼ばれ, 帯電したチップが導体に触れて放電するというモデルである. MM の変形版とみなすこともできる. 数百ボルトの電圧をかける. 数 ns に渡って高電圧がかかる.

5.2.2 ESD 保護回路

ESD によるチップ破壊を防ぐには, チップを扱う際に G_{ND} に接続したリストバンドを使用するなどして ESD を発生させないのが基本であるが, チップ

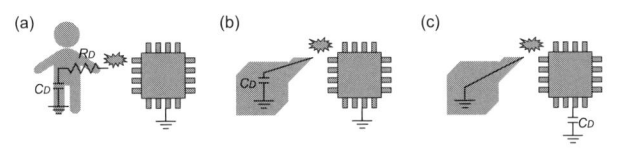

図 5.10　(a) HBM，(b) MM，(c) CDM

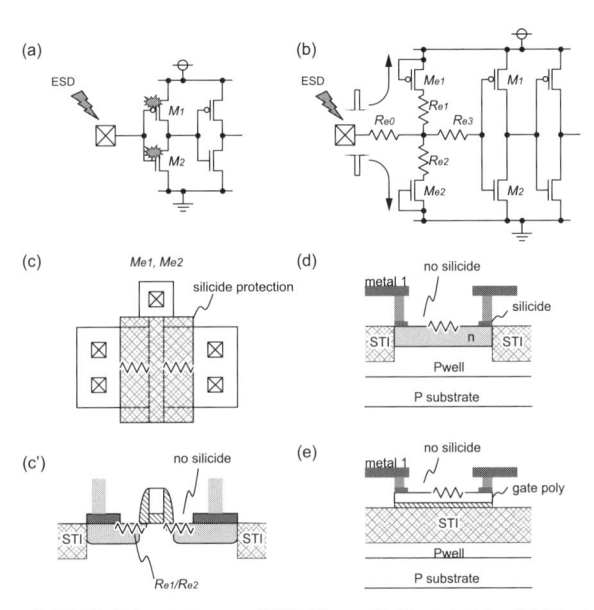

図 5.11　(a) 保護回路なし，(b) ESD 保護回路の一般形，(c) S/D 抵抗レイアウト，(c′) S/D 抵抗レイアウトの断面図，(d) ウェル抵抗，(e) ゲートポリ抵抗

のボンディングであったり，運搬中であったり，予期せぬ場面で ESD は発生してしまうものであり，ESD が発生してもチップが壊れないような ESD 保護回路を，チップと外部との接点となる IO バッファに埋め込む必要がある．

図 5.11(a) に示すように，ESD が入力された場合にはトランジスタ M_1 および M_2 のゲート酸化膜が壊れることになる．代表的な ESD 保護回路を図 5.11(b) に示す．注入されてしまった ESD パルスを抵抗 R_{e0} を通過させることにより電圧を下げると同時に，ダイオード接続された M_{e1}, M_{e2} を通じて電荷を V_{DD} および G_{ND} へと逃すことによってトランジスタ M_1, M_2 に高電圧が掛かるのを防いでいる．すなわち，プラスの高い電圧が掛かった際には M_{e1} の V_{DD} に接続されているゲートおよび本来のソース端子が本来のドレインである PAD

側端子に対して低電圧となり，M_{e1} がオンとなって ESD パルスが V_{DD} へと流れ，M_1, M_2 には負荷が掛からない．マイナスの大きな電圧が掛かった場合も同様に M_{e2} の G_{ND} に接続されているゲートおよび本来のソース端子が本来のドレインである PAD 側端子に対して高電圧となり，M_{e2} がオンとなって ESD パルスが G_{ND} へと（電流が G_{ND} から PAD へと）流れ，M_1, M_2 に負荷が掛からない．このとき，M_{e1}, M_{e2} の ESD 保護用トランジスタ自体が壊れないように抵抗 R_{e1}, R_{e2} を挿入することも多い．図 5.11(c), (c′) に示すように，M_{e1}, M_{e2} の S/D 領域に低抵抗シリサイドを堆積させないためのシリサイドプロテクションを掛けることによって抵抗 R_{e1}, R_{e2} を実現する．抵抗 R_{e0}, R_{e3} は図 5.11(d), (e) に示すようなシリサイド無しのウェル抵抗やシリサイド無しのゲートポリ抵抗を用いることが多い．

5.2.3　ESD 保護回路に関する諸事情

入力バッファと出力バッファ

一般的に PN 接合よりも，ゲート酸化膜の方が壊れやすい．したがって図 5.12(a), (b) に示すように出力バッファよりも入力バッファの方が壊れやすい．ただし，(c) のように終端抵抗 R_t を用いた場合は，ESD 電荷が R_t に流れることでトランジスタは壊れにくくなる．

速度劣化

図 5.11(b) に示すように抵抗 $R_{e0} \sim R_{e3}$ を入れると IO バッファの伝送速度が劣化する．伝送速度の劣化を防ぐために ESD 保護回路として M_{e1}, M_{e_2} のみを用いて抵抗は使わないこともあるが，その場合には ESD 耐性は劣化する．また，IO バッファそのものが負荷容量を持っている（図 5.11(b) の M_1, M_2 ゲート容量）が，ESD 保護回路を付けるとさらに負荷容量が増加して（図 5.11(b)

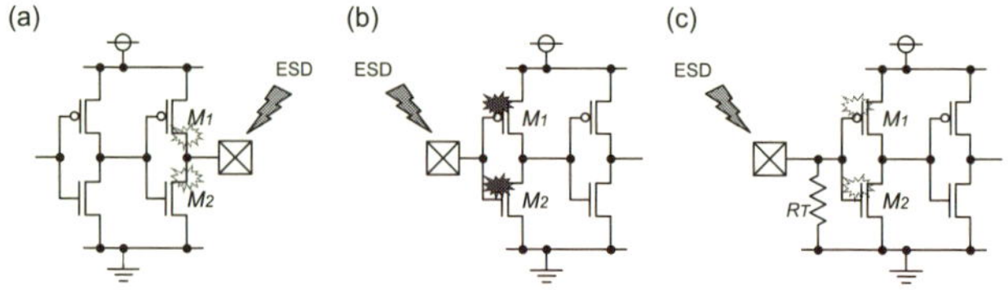

図 **5.12**　(a) 出力バッファ，(b) 入力バッファ，(c) 終端付入力バッファ

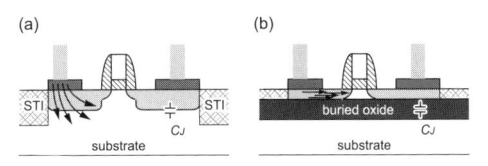

図 5.13 (a) 通常 MOS の ESD 電荷経路，(b) SOI の ESD 電荷経路

の M_{e1}, M_{e2} ドレイン容量) 速度劣化をまねく．ESD 保護の観点からは M_{e1}, M_{e2} のゲート幅 W は大きいほど良いが，容量の増加による速度劣化につながってしまう．すなわち，ESD 耐性と伝送速度との間にはトレードオフの関係がある．特に RF 回路の LNA 入力端子など，高速な微小アナログ電圧の入出力端子では注意すること．

SOI での ESD 耐性

SOI (Silicon On Insulator) は図 5.13(b) のような構造をしており，(a) に示す通常の MOS に比べてソース・ドレインの接合容量 C_J が小さいために低消費電力かつ高速動作が可能であり，超高速 LSI に使われる．ただし，埋め込み酸化膜 (buried oxide) 上の薄いシリコン層の結晶性に問題があり，ゲート酸化膜が壊れやすい．さらに，ESD 保護用のトランジスタ（図 5.11(b) の M_{e1}, M_{e2}）には瞬時に大電流が流れることになるが，図 5.13(a) に示すように通常の CMOS では ESD 電荷は基板に分散するため電流密度が低くなるが，SOI の場合には (b) に示すように ESD 電荷の経路が狭く電流密度が高くなって熱などによる破壊が起きてしまう．このように，SOI は次世代のトランジスタ構造であると期待されている一方で，ESD 耐性の低さが弱点となっている．

5.3　IO バッファの種類とレイアウト

IO バッファには，内部電源用，内部グランド用，IO 電源用，IO グランド用，バイアス電圧用，低速デジタル信号出力用，低速デジタル信号入力用，高速デジタル信号出力用，高速デジタル信号入力用，アナログ信号出力用，アナログ信号入力用，などが挙げられる．また，信号の入出力バッファには ESD 保護回路を付けると同時に，終端抵抗なども必要に応じて埋め込む．電源線に関しても，異なる電源線を ESD 保護回路で相互接続する場合もある．

5.3.1 各 IO バッファの例

図 5.14 に IO バッファの典型例を示す.

(a) 低速デジタル信号の入出力であり, CMOS インバータに ESD 保護回路を付けている. 信号は V_{DD}-G_{ND} レベルでフルスイングする. 終端をしていないので信号は反射し, 信号の立上がり・立下がり時の反射による信号の乱れが影響しない程度の低速伝送でしか使用できない. また, 低速とはいえ, 数 pF のパッド容量等を駆動する必要があり, それなりの大きさのトランジスタが必要.

(b) 低速デジタル信号の入出力となっている. Z 端子を H にすると M_{z1}, M_{z2} が共にオフとなって, 出力はハイインピーダンス (High-Z) になる. 出力値として H/L/High-Z の 3 種類の状態を持つため, トライステートバッファと呼ばれる. トライステートバッファからの信号を受信する場合には, High-Z 信号を受信して入力が不定となって内部状態が不安定になるのを防ぐため, 入力バッファに大きな抵抗 R_{PD} を付けることがある. こうすることで入力が High-Z の場合に抵抗 R_{PD} によって自分で入力信号を G_{ND} レベルへと下げる. この抵抗 R_{PD} をプルダウン抵抗と呼ぶ. ここで信号が H の場合にはきちんと V_{DD} レベルになるよう, R_{PD} は出力バッファの出力インピーダンスよりも十分大きな抵抗値を用いなければならない. また, この抵抗を電源側に接続するとプルアップ抵抗となり, 入力が High-Z の場合には V_{DD} レベルへと上がることになる.

(c) 高速デジタル信号の入出力. CMOS インバータに ESD 保護回路と終端抵抗 R_T を付けている. H 信号は V_{DD} レベルまでは到達せず, M_1 オン抵抗と R_T との分圧比で決定される. L 信号は G_{ND} レベルまで下がる. M_1, M_2 のオン抵抗を Z_0 に近づけることで多重反射を防ぐことができる. H 出力時には定常的に電流が流れる.

(d) 高速デジタル信号の入出力の別の形であり, オープンドレインと呼ばれる. H 信号は M_2 をオフすることで V_{DD} レベルとなる. L 信号は M_2 オン抵抗と R_T との分圧比で決定される. M_2 のオン抵抗を Z_0 に近づけることで, 多重反射を防ぐことができる. L 出力時には定常的に電流が流れる.

(e) アナログ信号の入出力の典型例. NMOS ソースフォロアで出力することで, 内部ピン A からみたインピーダンスは無限大 (M_2 のゲート容量) とすることができると同時に, 内部ピンから AC 利得 1 (0 dB) でアナログ電圧を出力する. 適用可能な電圧範囲は R_T の値と M_2 のサイズに依存する. また, 入力ピンの接続先 B がたとえば MOS トランジスタのゲートなどに入力されて電流

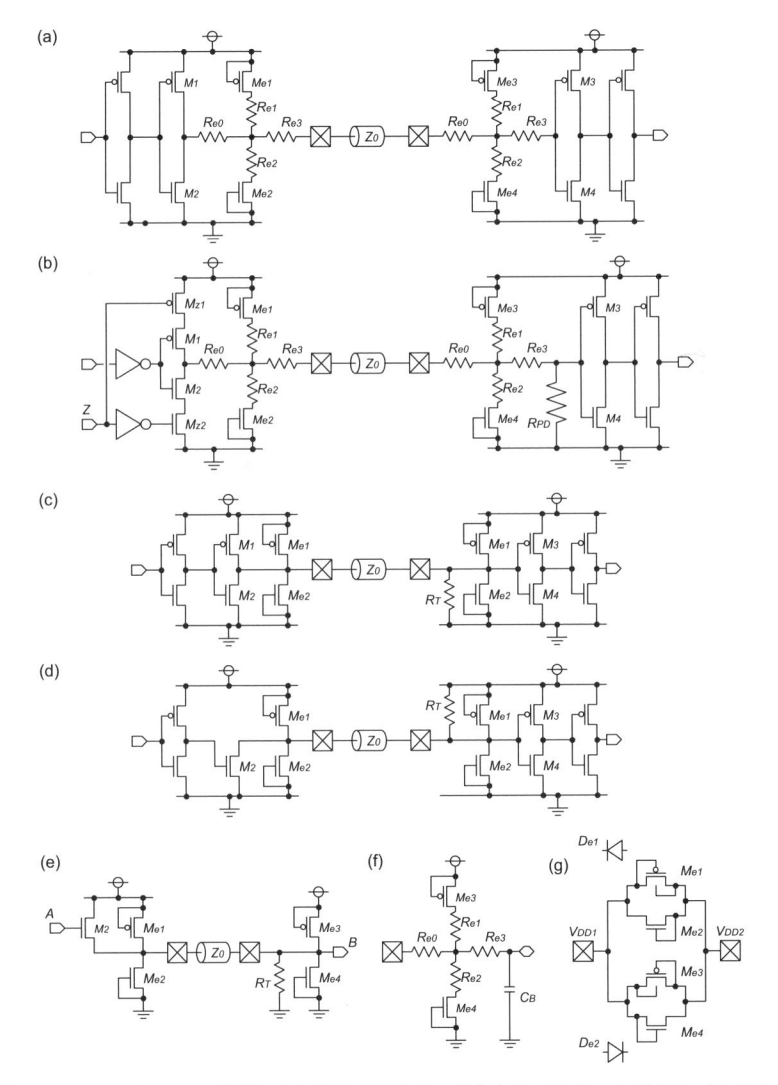

図 5.14 IO バッファの種類：(a) 低速デジタル，(b) トライステート出力とプルダウン入力，(c) 高速デジタル，(d) 高速デジタル：オープンドレイン，(e) アナログ：ソースフォロア，(f) バイアス電圧，(g) 異種電源同一電圧．

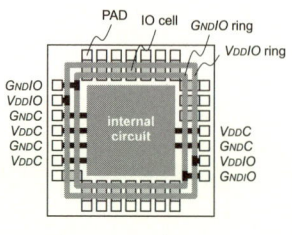

図 5.15　電源リング

を流さないものなのか，ドレインなどに接続されて電流が流れるものかによっても特性が変わってくるので注意が必要である．

(f) バイアス電圧を入出力するためのバッファ．DC 電流は流れずに電圧を入出力すると仮定している．DC 電流が流れる場合には $R_{e0} \sim R_{e3}$ を取り除く必要がある．さらに，R および C も取り除いて，アナログ信号の入出力とする場合もある．

(g) 同一チップに別の用途で同一電圧を与える場合．たとえば，1.8 V デジタル回路用電源と 1.8 V アナログ回路用電源など．ESD 対策として双方向ダイオードを接続し，たとえば V_{DD1} に高電圧が掛かった場合には M_{e3}, M_{e4} がオンになって V_{DD2} へと電荷を逃すことができる．また，同一チップに別の用途で異なる電圧を与える場合，たとえば V_{DD1} に 3.3 V IO 用電源と V_{DD2} に 1.8 V 内部回路用電源を与える場合には M_{e3}, M_{e4} は取り除き，逆方向バイアスされるダイオードのみを用いる．

5.3.2　電源リング

一般的に，IO は大電流を消費してノイズを発生するため，内部回路用の電源と IO 用電源を分割する．パッドはチップ周辺に並べることが多く，それらに電源とグランドを与えるためには，図 5.15 に示すように IO 用電源と IO 用グランドのリングを作るのが一般的である．IO にはさまざまな種類が存在するが，セルを置き換えるだけでパッド，IO 用電源および IO 用グランドと接続されるように同一サイズでレイアウトすると使いやすい．もちろん，ESD 保護回路や終端抵抗も IO セル内に含める．

5.4 ピン配置の決定

5.1.2項に述べたが,チップ上のIOにはパッド,ボンディングワイヤ,パッケージリードフレームを通じてボード上の配線に接続される.ピン配置を決める際には,それらの電気特性も考慮する必要がある.

5.4.1 電源ピン

一般的に,電源線は低インピーダンスが望ましい.電源線のボンディングワイヤ抵抗やコンタクト抵抗を下げるには,電源ピンを1ピンだけでなく,複数ピン用いる.その際,チップ内部の電源線抵抗による電圧降下を防ぐため,すべての回路が電源ピンから一定の距離にある方が望ましく,図5.15のようにチップの反対側に2つ目の電源ピンを配置するとよい.

電源線のインダクタンスも問題となる.インダクタンスは電流ループの面積で決まることを考えると,図5.16(i)のようにチップのV_{DD}とG_{ND}を離して配置するよりも,(ii)のように隣同士に配置する方がインダクタンスを小さくできる.また,複数ピンを使用する場合は(iii)のようにVVGGと並べるよりも,(iv)のようにVGVGと並べた方が小さなインダクタンスとなる.

5.4.2 シールド

高速信号やノイズセンシティブなアナログ信号S_0は,(v)のように他の信号線の隣に配置すると寄生容量を通じてクロストークノイズが注入されるため,

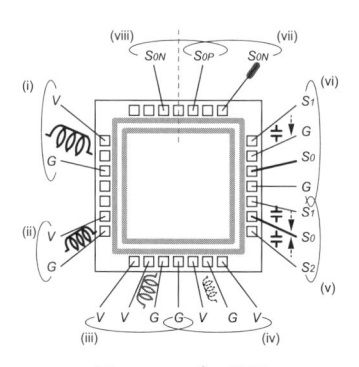

図 **5.16** ピン配置

可能であれば (vi) のようにグランドで挟むことでクロストークノイズを防ぐ．また，こうすることで信号線とグランドとのループ面積が小さくなるため，インダクタンスが小さくなるだけでなくグランドへの終端も効果的となる．

5.4.3 対称性

ボンディングワイヤ・リードフレームの長さはパッドによって異なるため，パッケージのピンからパッドまでの信号伝達時間が異なるだけでなく，インピーダンスの違いによる電圧・電流波形も異なる．したがって，相補式の信号などの同じタイミングで動作させたい波形は，(vii) ではなく (viii) のようにパッケージ形状の対称性を持つピンを使用する必要がある．

また，ボンディングワイヤなどは長いほど抵抗やインダクタンスが大きくなるため，電源線や重要な信号ではボンディングワイヤの短いチップ中央のピンを使用するとよい．

5.4.4 アセンブリ，測定

ピン配置は PCB ボード設計にも影響する．PCB ボードでの電源・グランドや信号配線の引き回し，外付けデカップリング容量のアセンブリのしやすさ，なども考慮する必要がある．また，測定する際の測定装置やケーブルの特性なども考慮して IO バッファを選択し，測定のしやすさを考慮しながらピン配置を決める．

＃ 第6章

ノイズ対策

 せっかく LSI を作ったのに測定したら動かない... 先輩に相談すると「ノイズが原因だね」なんていう一言で片付けられてしまう．ここでの「ノイズ」は「熱雑音などのような常にランダムなもの」という意味ではなく，もっと広義に「設計時には予期していなかったもの」という意味で用いる．

6.1 誤動作の種類と原因

6.1.1 まったく動かない

測定系のミス

 チップが届いた．測定系を組んで，電源入れて信号入れてオシロスコープで波形を観測するわけであるが，電源電圧を上げても CLK 周波数を下げてもどんな信号を入れてもまったく何の反応も示さない，とか，電源を入れたら大量の電流が流れてチップが溶けた，などの場合がある．筆者の場合，一発目で望む波形が観測されたことは未だかつて経験したことがない．電源の接続を確認し，グランドの接続を確認し，入力信号が正しくチップに入っているか信号を直接オシロスコープで観測したり，考えうるあらゆる可能性を考慮し，ダメモトでいろんなことを試しながら，望む波形を得るまでに最低1日は実験室で悩むことになる．ちょっと複雑な回路になると，試行錯誤で1週間くらいは平気で経ってしまう．それくらいやってみて，それでもどうしても動かなかったら，次は設計ミスを疑うことになる．

設計ミス

 測定セットアップを再確認して，どうやら測定の問題ではなくチップ設計に

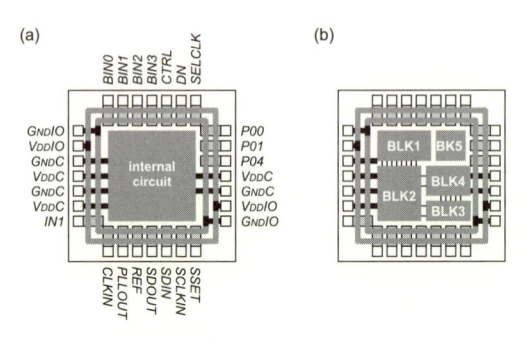

図 **6.1** チップ全体の LVS/DRC

ミスがあると判断された場合には，やっぱり回路設計の間違いである．設計経験の浅い大学の研究室ではこのテの事故が起こることが多い．被害者（？）に話を聞いてみると，図 6.1(a) のようなチップ全体の LVS/DRC 検証を行わず，(b) のようなブロック単位で LVS/DRC を行い，「あとの接続は目で見てちゃんと確認しました」などとノタマウことが多い．

LVS/DRC を「きちんと」掛けることで，この事故のほとんどを防ぐことができる．図 6.1(a) のように，チップ全体で LVS/DRC を実行すること．その際，ラベル（IN1 とか VDDC とか）はパッド最上層のレイヤで描画し，それ以外のラベルは参照しないようにすること．複数人でブロック毎に分かれて設計する場合であっても，さらに，それらのブロックがまったく接続されていない場合であっても，とにかくチップ全体の回路図を作成し LVS を掛けること．また，レイアウトをほんの少しでも（たとえば，ある配線の太さを 0.11 μm から 0.10 μm にした，など）修正したら，それがどんなに些細な修正で矛盾を引き起こさないと確信している場合であっても LVS/DRC を実行して確認すること．

6.1.2 タイミングエラー

何らかの影響で回路の遅延が変化し，タイミング的にエラーとなる．遅延の変化としてはロジックの遅延変動とクロックの変動があり，エラーの起こり方にはセットアップ違反とホールド違反とがある．

セットアップ違反

一般的な同期回路では，図 6.2(a) に示すように NAND, NOR ゲートなどで構成される組み合わせ回路 (logic) がフリップフロップ (DFF) に挟まれた構造

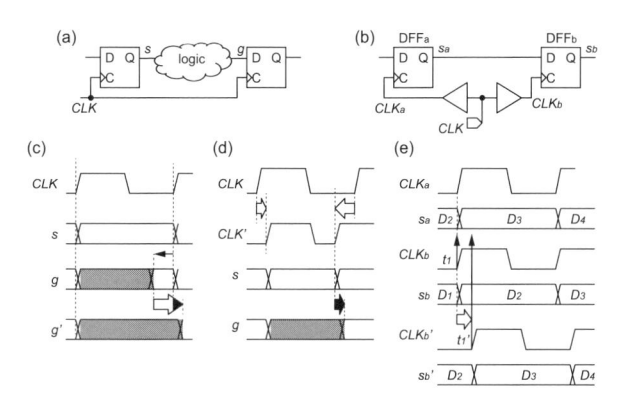

図 **6.2** タイミングエラー

となって，DFF 出力 s から次段の DFF 入力 g までの遅延が 1 クロック周期におさまっている必要がある．すなわち (c) に示すように g のロジック値が CLK 立上がりの前に確定している．この，あらかじめ確定しておくべき時間をセットアップ時間と呼ぶ．ここで，ノイズの影響で組み合わせ回路の遅延が増加して (c) の g' のようになってしまうと DFF が正しい値をラッチできずに回路が誤動作を起こす．これをセットアップ違反と呼ぶ．また，(d) に示すように，組み合わせ回路の遅延が変動しなくても，ノイズの影響で CLK 周期が変動することでセットアップ違反を起こすこともある．

セットアップ違反が起きる回路ではクロック周期に対して遅延が大きくなっているわけであり，電源電圧を上げてロジック遅延を短くしたりクロック周波数を下げることで正しく動作するようになる．

ホールド違反

組み合わせ回路の遅延が短すぎる場合に発生することがある．図 6.2(b) のような回路の場合には CLK_a と CLK_b は同じタイミングで入力され，(e) に示すように DFF_b はタイミング t_1 で DFF_a の出力 D_2 をラッチし，その 1 周期は D_2 を出力する．ところがノイズの影響で CLK_b' のように DFF_b に入るクロックのタイミングが CLK_a のタイミングから遅れてしまうと，DFF_b は t_1' のタイミングで D_2 ではなく D_3 をラッチしてしまう．このようなエラーをホールドエラーと呼ぶ．ホールドエラーが起きてしまうと，電源電圧を上げてもクロック周波数を下げても症状が改善されず原因の追求が難しいため，設計時には十分注意すること．

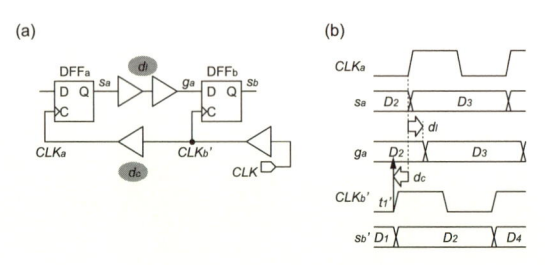

図 6.3 ホールド違反対策

対策としては，図 6.3(a) に示すように，DFF の間には必ず一定以上の遅延を入れ，また，可能であればホールド違反を起こす危険のある DFF に対しては後段の DFF に先にクロックが到達するように遅延を挿入する．こうすることで，(b) に示すように DFF_b に到達するデータを d_l 遅らせ，DFF_b でのラッチタイミングを d_c だけ早めることで，安全にデータ D_2 をラッチすることが可能となる．

6.1.3 アナログ的エラー

アナログ回路では，基本的な動作はするのだが設計時シミュレーションほどの性能が出ない，という場合が多い．たとえばオペアンプを設計したとして，増幅はするのだが，利得 30 dB のつもりが 20 dB しかない，とか，ユニティゲインが 1 GHz のハズが 900 MHz になっている，などのケースである．これらのエラーは原因追求がとても難しい．原因を仮定し，それを確認するための測定方法を考え，測定結果を追いかけていくしかない．城を攻めるのに外濠から埋めていくようなカンジかもしれない．製造バラツキなど，いろんな影響でトランジスタが飽和領域ではなく線形領域で動作していたりすることが原因であることが多い．たとえば，内部発生しているバイアス電圧がずれてしまった，など．

6.2 ノイズの種類と対策

6.2.1 PVT 変動

PVT とはプロセス (Process)，電圧 (Voltage)，温度 (Temprature) の頭文字を取ったものである．

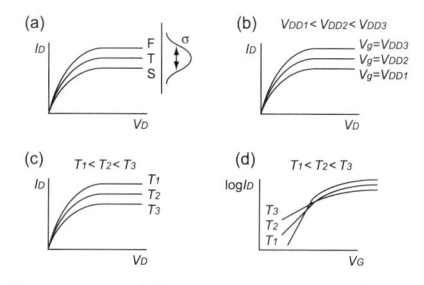

図 6.4 PVT 変動によるトランジスタ特性変化

プロセス変動

　製造工場内の温度・湿度は一定に制御されているが，製造装置の気まぐれで，その時々によって製造トランジスタ特性にばらつきがあり，設計シミュレーションで使用した SPICE パラメータと実際の出来上がりチップの特性が異なる．通常，図 6.4(a) に示すように Fast, Typical, Slow の 3 タイプの SPICE パラメータが提供されることが多い．通常のロジック回路ではドレイン電流が多いほど最高動作速度が速くなるため，ドレイン電流が大きいバージョンを F，小さいバージョンを S と呼ぶことが多い．また，ドレイン電流の分布は正規分布を取るのが普通であるが，F, S の SPICE パラメータは正規分布の 1σ の範囲を提供する場合もあれば 3σ の場合もある．1σ の場合では，全体の 16% が F よりもさらに上へ，16% が S よりもさらに下へ分布することになることに注意．図 6.4(a) では 1σ のケースを示してある．また，TT, FF, FS, SF, SS という 5 種類が提供される場合もある．これは，PMOS/NMOS の共通プロセスと個別プロセスでのばらつきを考慮したものである．たとえばゲート酸化膜が薄く (F) 形成された場合，これは PMOS/NMOS 共通のプロセスであり，PMOS は薄く (F)，NMOS は厚く (S) なることは起こらないことに起因している．一般的に FF の F と FS の F では，FF の F の方が，より強い F となる．T に対して F, S でドレイン電流が ±10% 程度変化することが多い．

電源変動

　LSI の電源電圧は一定である方が望ましいが，携帯型の機器ではバッテリーの充電度合いによって電圧が変わるし，ノイズの影響などで一時的に電源電圧が上がったり下がったりすることもある．図 6.4(b) に示すように当然ながら電圧が高い方が大きな電流が流れ，高速動作となる．一般的に，定格電圧の ±10% 変

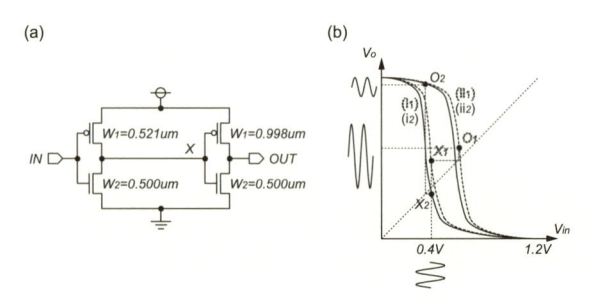

図 6.5　PVT 変動によるバイアス点変化

動しても安定して動作するように求められることが多い．

温度変動

　LSI 使用環境の温度によってもトランジスタ特性が変わる．図 6.4(c), (d) に示すように温度が低い方が大きな飽和電流が流れる．一方，リーク電流は温度が高い方が大きくなる．すなわち，低温の方が飽和電流もリーク電流も望ましい状態である．0 ～ 100°C での動作保証を求められる場合もあれば -25 ～ 125°C を求められる場合もある．

コーナー条件

　PVT の 3 種類の変動を考慮した場合，$2^3 = 8$ 通りのコーナー条件が存在する．通常の設計では，まずはセンター条件 (TT/V_{DD}/27°C) で設計したのち，最もトランジスタ特性の良い Fast コーナー (FF/1.1V_{DD}/-25°C)，最もトランジスタ特性の悪い Slow コーナー (SS/0.9V_{DD}/125°C) でシミュレーションによる動作確認を行い，その条件下であっても所望の動作を実現するように回路を修正することになるであろう．

　デジタル回路においては，Slow コーナー (SS/0.9V_{DD}/125°C) でセットアップ違反によるエラーが起きないように，Fast コーナー (FF/1.1V_{DD}/-25°C) でホールド違反によるエラーが起きないようにタイミング設計する．

　アナログ回路においては，Fast, Slow だけでなく，PMOS と NMOS とのバランスが重要になってくる場合が多い．たとえば 1.2 V 電源電圧において $0.4 + 0.001\sin\omega t$ という入力信号を 100 倍に増幅したい場合に，図 6.5(a) のような回路を考え，1 段目，2 段目インバータの入出力特性が (b) の (i_1), (ii_1) になるように PMOS トランジスタサイズを微調整したとする．センター条件の

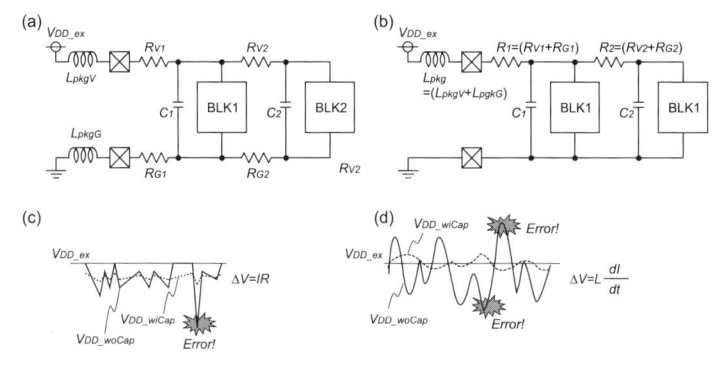

図 6.6 電源線の寄生インピーダンスとノイズ波形

シミュレーションではキレイに増幅されることになるが，残念ながらこの回路では実チップを製造した場合には動作しない．製造プロセスにおいて，NMOSがやや Fast となって製造された場合には回路の入出力特性は (b) の (i_2), (ii_2) のように変化し，出力は O_2 のバイアス点の周りで動作するために，信号はほとんど増幅されない結果になるのである．

アナログ回路の設計では，PVT が変動してもバイアス点があまり変化しないような回路設計が必要であり，その検証のためには，Fast コーナーや Slow コーナーだけでなく，FS や SF コーナーを含めた PVT のコーナーで動作確認をする必要がある．とはいえ，センター条件プラス多数のコーナーシミュレーションは手間と時間がかかるため，5 コーナー程度にしぼって検証することも多い．

6.2.2 電源ノイズ

電源には大きな電流が流れ，その分ノイズが発生しやすい．電源線の寄生抵抗による IR ドロップ，寄生インダクタンスによる di/dt ノイズが主にノイズの発生源となって，回路の消費電流変動に応じて電源電圧が揺れることになる．電源線の寄生成分を模式的に表すと図 6.6(a) となる．我々の関心はチップ外部のグランドに対する電圧の揺れではなく，チップ内部の電源–グランド間の電圧差であり，図 6.6(a) は (b) と等価である．このとき，チップ内部の電源波形はどうなるであろうか？ 電流 I が流れたときの電圧降下は，電源インピーダンスが抵抗成分のみを持つとした場合 $\Delta V = IR$，インダクタ成分のみを持つとした場合は $\Delta V = LdI/dt$ となり，図 6.6(c), (d) のようになる．チップ内部にデカップリング容量 C を入れることで高周波成分が容量から供給されるよう

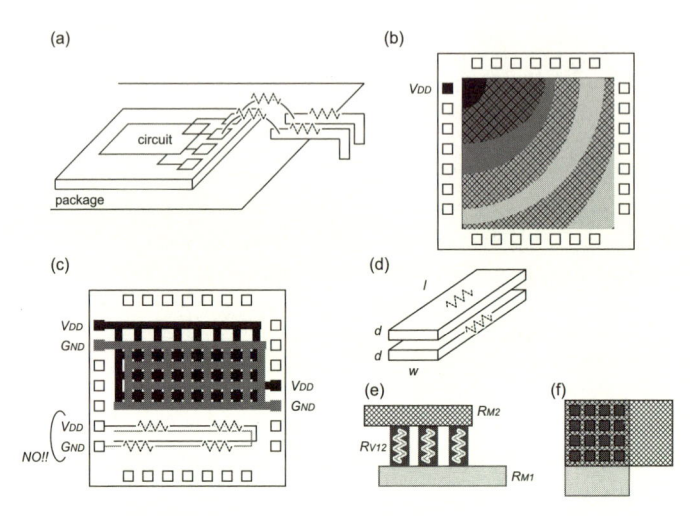

図 6.7 電源線の寄生抵抗の下げかた：(a) 複数電源ピン，(b) 電圧降下分布，(c) 電源線を太く，(d) 電源線を複数レイヤ重ねる，(e)(f) ビアをたくさん打つ．

になるため，(c), (d) の実線は点線のような電源電圧波形へと変化する．(c) では，電圧降下の平均値は変わらないが最悪値が改善されるためにチップの誤動作を避けることができる．(d) では，もともと平均値は V_{DD_ex} であったのが，変動周期が緩やかになり，最悪値も改善されることで，チップの誤動作を防ぐことにつながる．

電源ノイズを抑えるには，寄生抵抗を下げ，寄生インダクタンスを下げ，デカップリング容量を増やす，のが効果的である．それらの方法はこれまでに飛び飛びで説明してきたが，以下にまとめて再掲する．

寄生抵抗

パッケージ，ボンディングワイヤに寄生抵抗やコンタクト抵抗が存在する．図 6.7(a) に示すように電源に使用するピン数を増やすことで抵抗を減らす ($R//R \to R/2$)．また，チップ内部で電源ピンから遠い箇所は抵抗が大きくなって (b) のように電圧降下が生じやすい．電源ピンを分散させてチップ内部における電源ピンからの距離の最長経路を短くする．

チップ内部の電源線にも寄生抵抗が存在する．(c) に示すように電源線はなるべく太くレイアウトし，できればメッシュ構造を取る．可能であれば (d) に示すように複数のレイヤを重ねて使用する ($R = \rho l/wd$)．電源レイヤを乗り換え

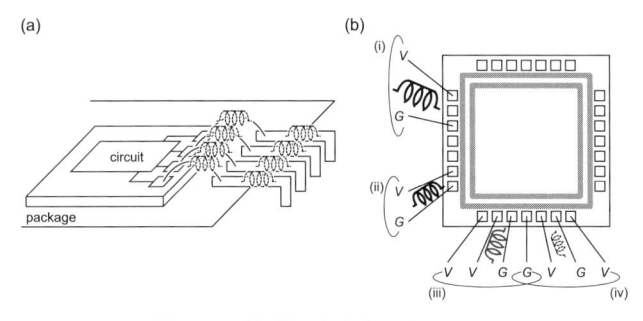

図 **6.8** 電源線の寄生インダクタンス

る場合は，ビアでの抵抗を下げるために (e), (f) に示すように，なるべくたくさんビアを打つ ($R//R \to R/2$).

電源ピンの根元ほど多くの電流が流れ，ここで電圧降下を起こすとその先の電源線全体の電圧が低下する．特に根元ほど電圧降下を起こさせないように注意してレイアウトすること．

寄生インダクタンス

図 6.8(a) に示すように，パッケージ，ボンディングワイヤに寄生インダクタンスが存在する．目安としては 1 mm で 1 nH 程度である．チップ内部の電源配線によるインダクタンスは，ほとんどの場合は無視できる．

インダクタンス値を小さくするには，図 6.8(b) の (i), (ii) に示すように電源ピンとグランドピンの間隔を狭くするとよい ($\Phi = \int \boldsymbol{B} \cdot \boldsymbol{n} dS, L = \Phi/I \to L$ small when S small)．また，電源に使用するピン数を増やすことでインダクタンスを減らすことができるが ($L//L \to L/2$)，その場合は (iii) のように VVGG と並べるのではなく，(iv) のように VGVG と並べた方が小さいインダクタンスとなる．

デカップリング容量

電源-グランド間に可能な限り多くの容量を付けると良い．図 6.9(a), (b) に示すように，PMOS/NMOS をオン状態にしておき，トランジスタのゲート酸化膜をはさんだゲート-チャネル間に容量を形成する．チップの単位面積当たりの容量を大きくするにはソース・ドレイン領域を減らして大きなゲートを使用するとよいが，(b) に示すようにチャネル抵抗があるために高周波での容量

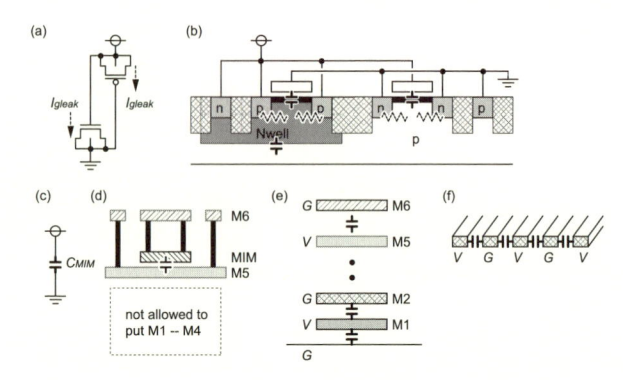

図 **6.9** 電源線の容量：(a)(b) MOS ゲート容量，(c)(d) MIM 容量，(e)(f) 配線間容量．

特性が低下する．抑えたいノイズの周波数と，ゲート容量・チャネル抵抗で構成される時定数 τ との関係を考えながら適切なゲートサイズを決める．また，近年のプロセスではゲート酸化膜にもリーク電流 I_{gleak} が流れることがあり，リーク電流によるバッテリー寿命低下などの影響も考える必要がある．

図 6.9(c), (d) に示すような MIM 容量を使用した場合にはリーク電流の影響はなくなるが，ゲート酸化膜に比べて MIM 層間絶縁膜が厚いので大きな容量が作りにくい ($C = \epsilon S/d$)，さらに，MIM 容量の下には配線もトランジスタも配置してはいけない，というルールが規定されている場合などもあり，単位面積当たりの容量は MOS ゲート容量の 1/10 以下になってしまう．

図 6.9(e) に示すように，電源とグランドの配線を重ねたり，(f) のように同層の隣同士に配置することで配線容量を持たせることもできる．

チップレイアウトのすき間に，これらの容量を組み合わせて可能な限り大きなデカップリング容量を配置する．

6.2.3 基板ノイズ

通常の LSI では，図 6.10(a) に示すようにチップの大部分をデジタル回路が占めて，一部にアナログ回路が載っている．このとき，デジタル回路のスイッチングによってノイズが発生し，それがアナログ回路に伝達されてアナログ回路が動作不良を起こすことがある．ノイズ伝搬を抑えるために (d) に示すようにデジタル回路の電源とアナログ回路の電源を分離する．しかしながら，デジタル回路用 G_{ND} – P 基板コンタクト – Pwell – P 基板 – Pwell – P 基板コンタクト – アナログ回路用 G_{ND} という経路でノイズが伝達してしまう．これを基

板ノイズと呼ぶ．基板ノイズは非常に厄介なノイズであり，最後の最後でこのノイズに苦しむことがある．

Deep Nwell

　基板でのP領域を通じた経路を分離するために，図6.10(b), (e)に示すように通常のNwellよりも深いDeep Nwellでアナログ回路全体を覆うことで基板ノイズの伝達を防ぐことができる．

　ただし，Deep NwellとP基板との間にPN接合容量が存在し，高周波の基板ノイズはこの接合容量を通じて伝搬してしまうことがある．

ガードリング

　図6.10(c), (f)に示すように，アナログ回路の周りをP基板コンタクトで囲み，それを外のグランドに接続することで，基板ノイズがアナログ回路に到達する前に外へ逃すことができる．これをガードリングと呼ぶ．

　ただし，ガードリング用のグランド線インピーダンスが高いとノイズが外へ逃げなかったり，ガードリングで捕獲されないノイズがアナログ回路に到達してしまうことがある．

6.2.4　クロストークノイズ

　隣り合う配線間には寄生容量が存在する．図6.11(a)に示すように，寄生容量が存在するノードの電圧を変化させると，容量を通じて隣の配線の電位が揺れてしまう．これをクロストークノイズと呼び，ノイズを発生する側をアグレッサ，ノイズを受けてしまう側をビクティムと呼ぶ．微小な電圧変化でチップ動作がおかしくなってしまうようなアナログ回路の配線には，特にクロストークノイズが起きないように注意した設計が必要となる．

　クロストークが起きないようにするには図6.11(b)に示すように，配線間隔を開いて寄生容量を減らしたり（$C = \epsilon S/d$），(c)に示すようにグランドなどの固定電位の配線をはさむことでシールドする．アナログ回路における特に敏感な配線は(d)に示すように上下左右を完全に囲むことでクロストークノイズから保護する．

　また，クロストークによって電圧が変動するだけでなく，遅延時間も変動するので，デジタル回路設計においても考慮が必要となる．図6.11(e)に示すように，相手側の電圧変動がない場合でのINV_1から寄生容量への電荷供給量を

138　第6章　ノイズ対策

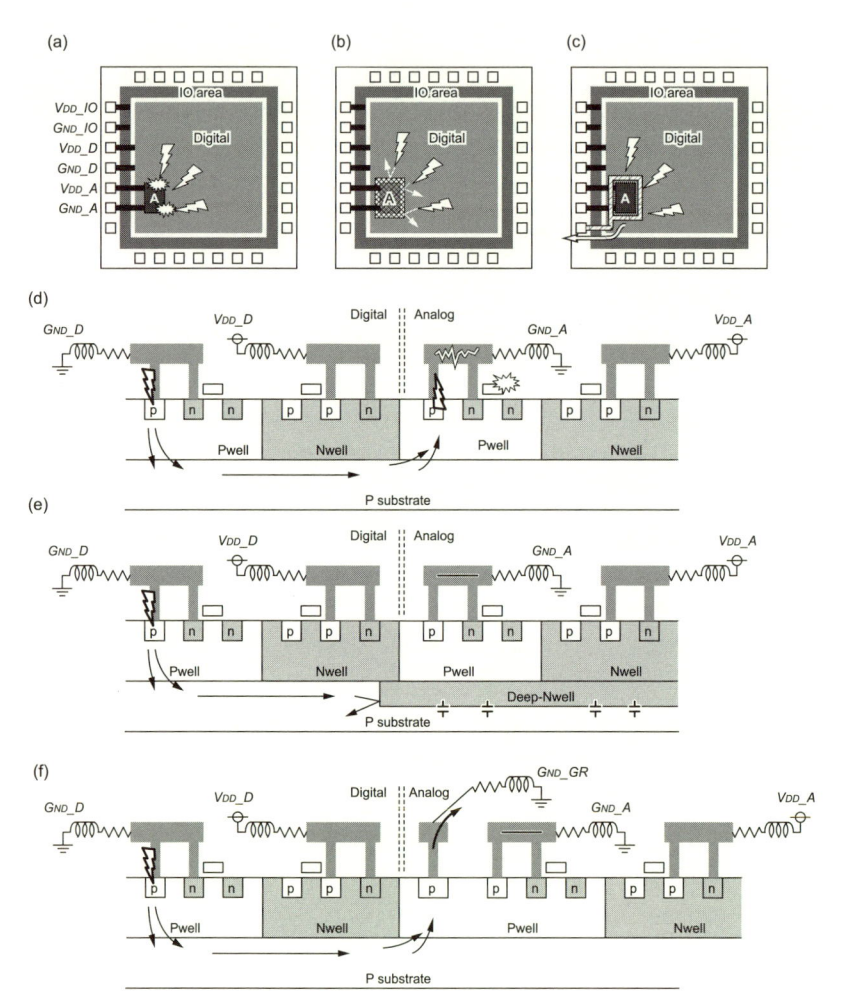

図 6.10　基板ノイズの伝達とその抑制

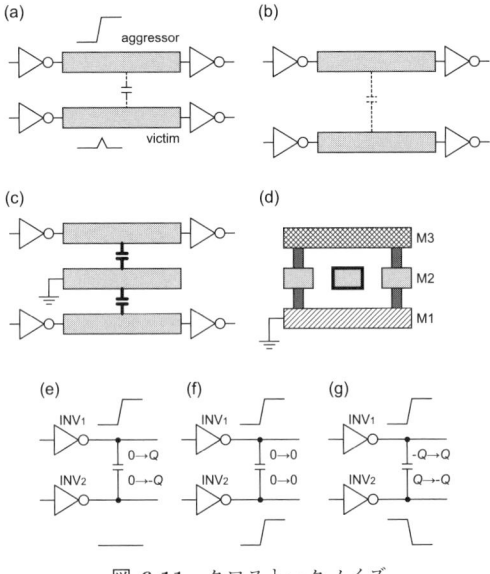

図 **6.11** クロストークノイズ

Q とすると，(f) のように相手側が同じ電圧変化を持つ場合には INV_1 からの電荷供給はゼロであり，(g) のように相手側が反対の電圧変化を持つ場合には $2Q$ となる．すなわち INV_1 の遅延値は (f) < (e) < (g) と変化することに注意が必要である．

6.2.5 EMC

配線に電流が流れると周りに磁界が発生する ($\text{rot}\boldsymbol{B} = \mu_0 \boldsymbol{i} + \mu_0 \epsilon_0 \frac{\partial \boldsymbol{E}}{\partial t}$)．交流電流の場合には発生する磁界も時間変化し，それにともなって電界も変化する ($\text{rot}\boldsymbol{E} = -\frac{\partial \boldsymbol{B}}{\partial t}$)．その電界変化が磁界変化をもたらし，その磁界変化が電界変化をもたらし... $\boldsymbol{E}$ と $\boldsymbol{B}$ が互いに他を誘導し合って空間を伝わる．つまり図 6.12 に示すように，交流電流が流れると電磁波が空間に放出され，その電磁波を受けた別の LSI が誤動作を引き起こす場合がある．電磁妨害を発生させることを EMI (Electro Magnetic Interference) と呼び，また，電磁波が飛んできた際の影響の受け方である電磁感受性を EMS (Electro Magnetic Susceptibility) と呼ぶ．EMI と EMS を併せて電磁両立性 EMC (Electro Magnetic Compatibility) と呼ぶ．「飛行機の機内で携帯電話を使うな」とか「病院で携帯電話を使うな」と言われるのは，携帯電話が意図的に飛ばしている強力な電波が他の機器に含

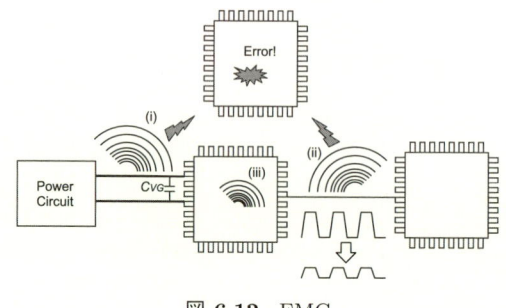

図 6.12 EMC

まれる LSI にとっては EMI となり，飛行機内や病院・病人が使用している機器に含まれる LSI の EMS が不十分だった場合に誤動作を起こしてしまう可能性があるためである．

EMI の発生源としては，(i) 電源線からの放出，(ii) チップ間信号線からの放出，(iii) チップ内部からの放出，が考えられる．最も大きいのが (i) の電源線から発生するものである．電源からは大電流が流れるため，発生する EMI も大きくなる．チップの電源ピンの近い部分に容量 C_{VG} を挿入することで AC 成分は C_{VG} から供給されて電圧源からの電流は一定の DC 電流となるため，EMI 発生を抑えることができる．(ii) 信号線からの放出は信号振幅を小さくすることで EMI 発生を抑える．現在の LSI サイズと動作周波数では (iii) チップ内部からの EMI 発生はあまり考えなくてもよい．

一般的注意点としては，動作周波数 f_{CLK} や寄生インダクタンスとデカップリング容量で決まる共振周波数 ($f_{res} = 1/2\pi\sqrt{LC}$) と共振する可能性のある配線を作らないことが求められる．たとえば，1 GHz の波長は真空中では 30 cm であり，動作周波数 1 GHz の LSI に接続される配線には 30 cm/4 = 7.5 cm の配線は作らない，など．ただし，ボードや LSI 内部の物質の誘電率は 1 ではないので，その補正も忘れないこと．

第7章

微細化の進展で発生する問題

「できました」と回路図を先生に見せると，「ばらつきの影響は？」とか「NBTI は考えた？」とかイチャモンを付けられる．なんスカ，それ？

7.1 ばらつき

7.1.1 ばらつきとは

6.2.1 項では，PVT (Process, Voltage, Temprature) 変動によって最終的な回路特性が変化するため，その影響を考慮した設計が必要であることを述べた．しかし，近年のプロセスでは P:プロセス変動による特性変化が特に深刻になっており，設計がだんだんとメンドウかつ困難になってきている．図 7.1(a), (b) に微細化が進んだ場合のトランジスタ構造を示す．同一のゲート幅変動 (ΔL) であっても，微細化が進むにつれて変動の割合 ($\Delta L/L$) が大きくなる．同一のゲート酸化膜欠陥があったとしても，その影響は大きくなるし，P 領域/N 領域を決めるためのイオンの不均一性の影響も大きくなる．このように，トランジスタの微細化が進むにつれて均一なトランジスタを製造することがますます難

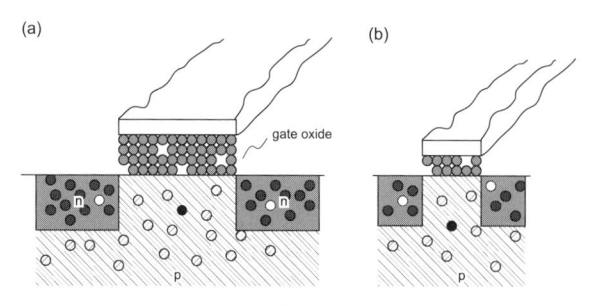

図 **7.1** ばらつきの発生

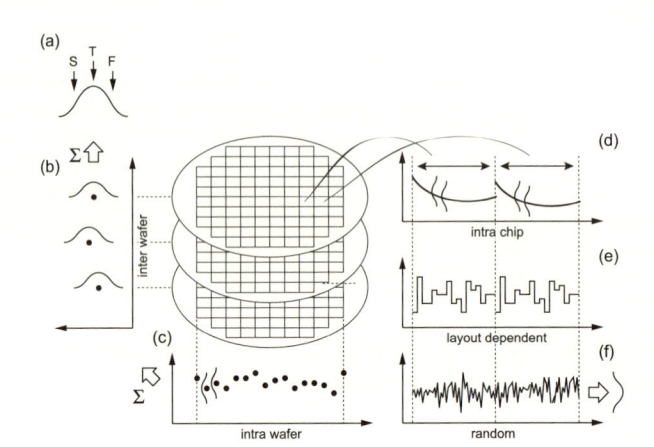

図 7.2 ばらつき

しくなり，1つ1つのトランジスタ性能が異なるようになってしまった．これを「ばらつき」と呼ぶ．

7.1.2 ばらつきの種類と原因

ばらつきにも分類がある．図 7.2 に示すように，(b) ウェハ間 inter wafer ばらつき，(c) ウェハ内 intra wafer ばらつき，もしくはチップ間 inter chip ばらつき，(d) 同一チップ内での場所に依存するチップ内 intra chip ばらつき，(e) レイアウト依存 layout dependent ばらつき，(f) トランジスタ 1 個 1 個のまったくランダムな (random) ばらつきなどである．これらの各ばらつきの総和が，(a) 実際のトランジスタばらつきとなる．

これらばらつきの原因としては，以下のように考えられている．
(a) トランジスタばらつき：以下 (b)–(f) の総和
(b) ウェハ間ばらつき：製造装置の安定性の乱れ
(c) チップ間ばらつき：製造装置の均一性の乱れ
(d) チップ内ばらつき：リソグラフィの均一性，アニール温度のパターン依存性
(e) レイアウト依存ばらつき：リソグラフィの近接効果（OPC の限界）
(f) ランダムばらつき：ドープ不純物濃度の不均一性 (RDF: Random Dopant Fluctuation)

ここで，(b) ウェーハ間および (c) チップ間ばらつきは，チップ単位で見ると

すべてのトランジスタが同じ特性を持つ均一のばらつきという意味で「グローバルばらつき」と呼ぶ．6.2.1 項で述べた製造ばらつき（TT や FF, SF など）はグローバルばらつきを指している．一方，(d) チップ内ばらつき，(e) レイアウト依存ばらつき，および (f) ランダムばらつきは，同一チップ内の同一サイズのトランジスタでも特性が異なるという意味で「ローカルばらつき」と呼ぶ．ローカルばらつきが存在すると設計時の SPICE シミュレーションができずに困ることになる．そのなかでも，同じレイアウトを持つ隣り合ったトランジスタであっても異なる特性を持つことになる (f) ランダムばらつきが回路設計時には特に深刻である．

ランダムばらつきの大きさを示す 1 つの指標として Pelgrom（ペリグラム）の関係

$$\sigma_{Vt} = \frac{A_{Vt}}{\sqrt{LW}} \tag{7.1}$$

が有名である．これはトランジスタの閾値電圧ばらつきがゲート面積のルートに反比例すること示しており，ゲート面積が大きいほどドープ不純物濃度の平均値が一定に近づくという直観とも一致する．

7.1.3 ばらつきの影響

SRAM

SRAM は，ロジック回路よりもアナログ的要素があってばらつきの影響を受けやすい，左右対称な同一構造が大量に並んでいてランダムばらつきの影響を直接観測可能，測定が容易，などの特徴から，ばらつきの実験には SRAM が最もよく使われる．ここでは，ばらつきに関する文献を理解するのに困らない程度に SRAM の動作原理を説明する．

SRAM の動作として最もエラーが起こりやすいのは書き込み時ではなく読み出し時となる．SRAM の構造と読み出し時のタイミングチャートは図 7.3(a), (b) のようになる．SRAM はクロスカップルインバータと，セルへのアクセスを制御するワードライン wl および，データ入出力となるビットライン b, bb から構成される．読み取り時にはまずビットライン b, bb をともに ONE にしておく．このとき，ビットラインには比較的大きな配線寄生容量 C_b が付いており，それに電荷がたまっている．ノード q, qb がそれぞれ ONE, ZERO を保持していると仮定すると，読み出し信号であるワードライン wl を ONE にすると M_6

図 7.3 SRAM

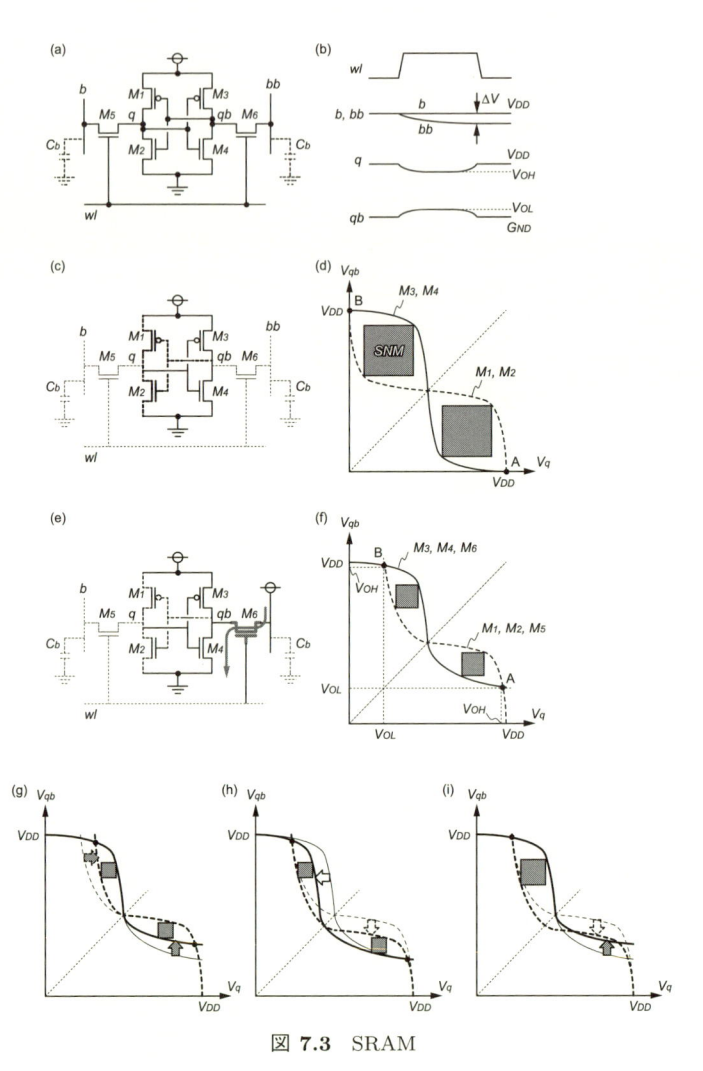

を通じて M_4 が bb の電位を下げようとする．その後，センスアンプで b, bb の電位差を観測することで q が ONE, qb が ZERO を保持していることを知ることができる．このとき，qb の電位は G_{ND} 電位のままではなく，M_4 と M_6 のオン抵抗比で決まる電圧 V_{OL} まで上昇し，したがって左側のインバータ M_1, M_2 の出力 q は V_{DD} から V_{OH} まで下がることになる．これらを防ぐため，M_2, M_4 のゲート幅 W は M_5, M_6 よりも 2～4 倍程度大きく設計する．ただし，その分，

面積が大きくなって,単位面積当たりのビット数が減ってしまう.

SRAM セルのインバータ特性を見てみる.ワードライン wl が ZERO で M_5, M_6 がオフのとき,(c) の M_3 および M_4 インバータの入出力 (q, qb) の電圧 V_q, V_{qb} は図 7.3(d) 実線のような CMOS インバータ特性となり,M_1, M_2 の入出力特性は (d) の点線となる.

一方,SRAM 読み出し時に M_5, M_6 がオンになると,M_3, M_4, M_6 の作る V_q,V_{qb} の関係は (f) に示すような曲線になる.(e) に示すように V_q が高くなって M_3 がオフ,M_4 がオンとなっても M_6 から電流が流れるため V_q が V_{DD} であっても V_{qb} の電圧は G_{ND} ではなく V_{OL} まで上昇し,(f) 実線のような曲線となる.同様に M_1, M_2, M_5 では (f) 点線のような曲線となる.これらの結果,セルの q/qb に ONE/ZERO を保持していても q, qb の電圧は V_{OH}, V_{OL} となることがこの曲線からも読み取れる.

さて,(d), (f) に示す曲線において,2 つの曲線が離れているほど安定した読み出しが可能になる.この離れ具合を SNM (Static Noise Margin) と呼ぶ.トランジスタ特性がばらつくと,この曲線もばらつく.たとえば,M_2, M_4 が同様に弱くなると (g) のような特性となり,M_1, M_3 が弱くなると (h) のような特性になる.これでも SNM は確保されている.ところが,ランダムばらつきによって M_4 はそのままで M_2 が,M_1 はそのままで M_3 が弱くなると (i) のようになって誤動作を起こす.たとえば 1 G ビット(10 億個)の SRAM を作ればそのうちの何個かは (i) のような特性となってしまい,誤動作につながる.このことからも,グローバルばらつきよりもローカルばらつき,なかでも特に SRAM の場合にはランダムばらつきが誤動作につながる深刻な問題であることが理解できる.

レプリカ

ばらつきの影響によって,まったく同じ回路のコピー(レプリカ)をまったく同じように動作させても,特性が異なる場合がある.

ロジック回路のうち最も長い経路をクリティカルパスと呼び,クリティカルパスの遅延が 1 クロック周期内に収まれば,全ロジックの遅延が 1 クロック周期に収まることになる.たとえば DVFS (Dynamic Voltage and Frequency Scaling) などのように電源電圧や CLK 周波数が可変な場合に,図 7.4(a) に示すようにメイン回路内のクリティカルパスのコピーに多少のマージンを持たせ

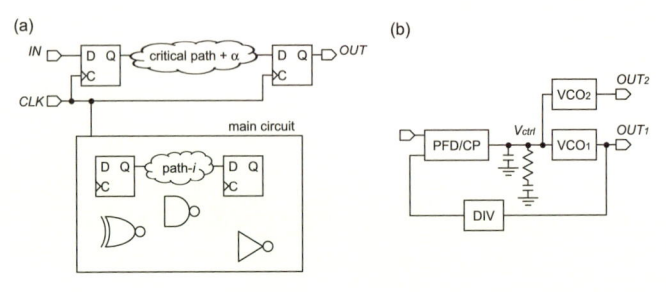

図 7.4 レプリカ

た回路を別途用意し，レプリカ回路の動作を確認しながら CLK 周波数をギリギリまで上げる，といった手法がある．この手法はトランジスタ特性がチップ内で均一であれば有効であるが，ローカルばらつきによってレプリカ回路がたまたま FF で製造され，万一内部回路のある経路 i が SS で製造されてしまった場合には，経路 i の遅延がクロック 1 周期を超えることになってエラーが発生してしまう．

アナログ回路の場合にもたとえば図 7.4(b) に示すように，所望の周波数を OUT_1 から出力するようフィードバックによって制御電圧 V_{ctrl} を微調整して VCO_1 の発信周波数を制御する場合，全体が均一にばらつく場合にはフィードバックがばらつきを補正して所望の発振周波数が得られるが，ランダムばらつきが原因でまったく同じ VCO にまったく同じ制御電圧を与えても VCO_2 の発信周波数は VCO_1 のものとは異なるものになってしまう．

対称アナログ回路

図 7.5 のような増幅回路の場合，グローバルばらつきによって増幅特性が影響を受けないように電流源 I_0 を用いている．この電流をカレントミラー M_1, M_2, M_7 でコピーすることで M_2, M_7 にも I_0 の電流が流れて AMP_1, AMP_2 が同じ所望の特性を持って欲しいところであるが，ローカルばらつきによって M_1, M_2, M_7 の特性が異なることで M_2, M_4 に流れる電流が I_0 からずれて AMP_1, AMP_2 の増幅特性がばらついてしまう．また，M_3 と M_4，M_5 と M_6 が同一サイズの場合には，IN_1, INB_1 の電圧が同じであれば出力 OUT_1 は ONE でも ZERO でもない中間電位が出力されるが，ランダムばらつきの影響でたとえば M_5 より性能の良い M_6 ができあがってしまうと IN_1, INB_1 が同じ電圧であっても OUT 出力は V_{DD} に近い値となってオフセットが生じてしまう．

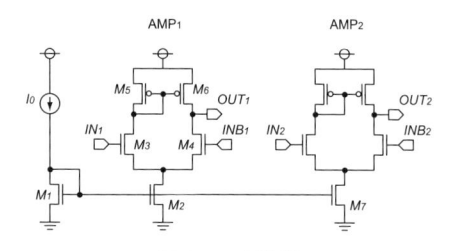

図 7.5　対称性

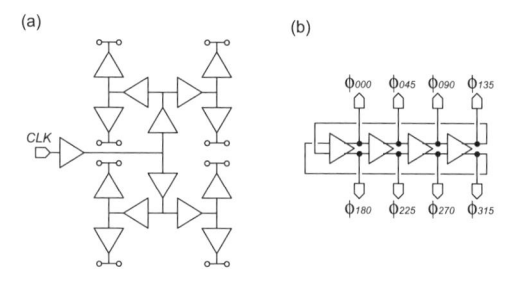

図 7.6　(a) クロックスキュー，(b) 位相ずれ

クロックスキューと多相出力

　大規模回路にクロックを分配する場合には，図 7.6(a) に示すような H 型ツリー構造を用いるのが一般的である．CLK ピン根元から枝先端までのバッファ段数を同じにすることで，枝先端に接続されるフリップフロップへの CLK 立ち上がりタイミングをすべて同じく揃えるようにする．ところがローカルばらつきによって各バッファの遅延が異なるとフリップフロップへの入力タイミングにばらつきが生じてしまう．これをクロックスキューと呼ぶ．この影響で，実質的なクロック周期が少なくなってしまうことによって引き起こされるセットアップ違反や，ホールド違反による誤動作が発生してしまう．

　ある周波数 f_0 で発振している信号に対して，たとえば 45 度ずつ位相の遅れた信号が欲しい場合がある．図 7.6(b) に示すような相補信号を出力するバッファ回路の各ステージ出力を用いることで $\phi_{000} \sim \phi_{315}$ の 8 相信号を作ることができる．ところが，ローカルばらつきによって各バッファの遅延がばらついてしまうと，キレイに 45 度ステップではなく 0, 41, 97, 142, ... のように各位相がばらついてしまうことになる．

7.1.4 モンテカルロシミュレーション

グローバルばらつきに関しては，SPICE パラメータファイル内に TT や FF，FS などのライブラリという形でモデルパラメータが提供され，それを用いて SPICE シミュレーションを実行することができる．ローカルばらつきに関しては，どうすれば良いであろうか．たとえば閾値ばらつきを模擬するためにネットリストの各トランジスタサイズを少しずつ変えてシミュレーションするのも 1 つのやり方ではある．が，.SUBCKT VCO となっていると XVCO1 と XVCO2 の特性を違うものにすることはできない．LVS も大変そうだ．

ローカルばらつきを模擬するにはモンテカルロシミュレーションを行う．これはネットリスト上の指定したパラメータを SPICE シミュレータがランダムにばらつかせながらシミュレーションしてくれるというものである．図 7.3(a) に示す SRAM セルの読み出し時の V_q–V_{qb} 特性をモンテカルロシミュレーションするための HSPICE ネットリストは以下のようになる．

```
*-------------------- Circuit Definition --------------------
.OPTION POST=2 POST_VERSION=2001
.OPTION PROBE
.PROBE DC V(*) I(V*)

.TEMP = 27
.param mvdd = 1.2


VV   V  0 DC mvdd
VG   G  0 DC 0
VB   B  0 DC mvdd
VBB  BB 0 DC mvdd
VWL  WL 0 DC mvdd
*VWL WL 0 DC 0

m1 q  qb v v P L=65e-9 W=800e-9
m2 q  qb g g N L=65e-9 W=400e-9
m3 qb q  v v P L=65e-9 W=800e-9
```

```
m4 qb q g g N L=65e-9 W=400e-9
m5 b wl q g N L=65e-9 W=200e-9
m6 qb wl bb g N L=65e-9 W=200e-9


* --- SPICE Prameters --- *
.lib "sram_variation.lib" NT
.lib "sram_variation.lib" PT


.param
+ sigma3_dvthn_gs = 0.2
+ sigma3_dvthn_ls = 0.05
+ sigma3_dvthp_gs = 0.2
+ sigma3_dvthp_ls = 0.05


.MODEL N NMOS
+ LEVEL = 1
+ VTO = '0.3 + dvthn_g + dvthn_l'

.MODEL P PMOS
+ LEVEL = 1
+ VTO = '-0.3 - dvthp_g - dvthp_l'

* --- Monte Carlo Control ---
VQ  Q  0 DC 0
*.DC VQ 0 mvdd 0.01
.DC VQ 0 mvdd 0.01 SWEEP MONTE=100

*.param dvthn_g = AGAUSS(0, sigma3_dvthn_gs, 3.0)
*.param dvthp_g = AGAUSS(0, sigma3_dvthp_gs, 3.0)

.OPTION MODMONTE=1  * each tr. has its own val
.param dvthn_l = AGAUSS(0, sigma3_dvthn_ls, 3.0)
.param dvthp_l = AGAUSS(0, sigma3_dvthp_ls, 3.0)
```

.END

*-------------------- sram_variation.lib --------------------
.LIB NT
.param
+ dvthn_g = 0
+ dvthn_l = 0
.ENDL

.LIB NF
.param
+ dvthn_g = '-sigma3_dvthn_gs'
+ dvthn_l = '-sigma3_dvthn_ls'
.ENDL

.LIB NS
.param
+ dvthn_g = 'sigma3_dvthn_gs'
+ dvthn_l = 'sigma3_dvthn_ls'
.ENDL

.LIB PT
.param
+ dvthp_g = 0
+ dvthp_l = 0
.ENDL

.LIB PF
.param
+ dvthp_g = '-sigma3_dvthp_gs'
+ dvthp_l = '-sigma3_dvthp_ls'
.ENDL

```
.LIB PS
.param
+ dvthp_g = 'sigma3_dvthp_gs'
+ dvthp_l = sigma3_dvthp_ls'
.ENDL
```
*--

　最初の部分で，端子電圧や回路を定義している．SPICE parameters のセクションでは，ばらつきのパラメータとその大きさを宣言している．ここではグローバルばらつきの変数 ***_g とローカルばらつきの変数 ***_l とを分けて宣言し，ばらつきの大きさは 3σ の値を与え，NT, NF などのライブラリでばらつきパラメータの値を決めて，.MODEL 部でモデルパラメータに値をセットする（ここでは単純化のため，LEVEL1 モデルを使用した．VTO は閾値に関するパラメータである）．

　Simulation Control 部で，モンテカルロシミュレーションの制御を行っている．ここでは，q の電圧を 0 から mvdd まで（先頭で 1.2 V にセットしてある）0.01 V きざみで変化させる DC シミュレーションを行う．.DC 行に SWEEP MONTE=100 FIRSTRUN=1 と加えることで，100 回のモンテカルロシミュレーションを行う．モンテカルロシミュレーションに使用する乱数の種は毎回固定であるため，今日の 1 回目から 100 回目までのモンテカルロシミュレーションと明日の 1 回目から 100 回目までのモンテカルロシミュレーションはまったく同じ結果となる．FIRSTRUN=101 とすると，101 番から 200 番までの乱数セットが生成され，別の（しかし統計的には同じ）結果が得られることになる．.OPTION MODMONTE=1 によって，各トランジスタに異なる値を持たせたローカルばらつきを模擬したシミュレーションとなる．これがない場合は，1 回目から 100 回目での値はランダムに異なるがすべてのトランジスタで均一の値を持たせたグローバルばらつきを模擬したシミュレーションとなる．

　.param dvthn_l = AGAUSS(0, sigma3_dvthn_l, 3.0) で，dvthn_l はゼロを中心に 3.0σ が sigma3_dvthn_l（以前に 0.02 とセットした）となるガウス分布を持つことを定義してある．dvthn_l は .LIB 内でも定義しているが，HSPICE ではパラメータを後から再定義すると上書きすることになるので，.LIB よりも後ろに記述することでガウス分布を持たせることができる．この記述では，グ

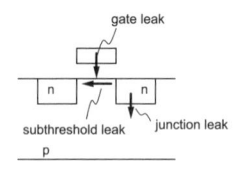

図 7.7　リーク電流の種類

ローバルばらつきは NT, PT の条件固定にしてローカルばらつきのみをモンテカルロシミュレーションしている．

```
.param dvthn_g = AGAUSS(0, sigma3_dvthn_g, 3.0)
.param dvthp_g = AGAUSS(0, sigma3_dvthp_g, 3.0)
*.OPTION MODMONTE=1
*.param dvthn_l = AGAUSS(0, sigma3_dvthn_l, 3.0)
*.param dvthp_l = AGAUSS(0, sigma3_dvthp_l, 3.0)
```

と変更することによって，グローバルばらつきのみを考慮した（回路内は均一）モンテカルロシミュレーションとなる．グローバルばらつきは回路内を均一でローカルばらつきは回路内で個別に，というのは（多分）できない．それと，.LIB 内のローカルばらつき変数 (***_l) はゼロとしておく方が自然かもしれない．

7.2　リーク電流

　LSI の消費電流はスイッチング時の貫通電流と次段容量の充放電電流である，と以前は言われていたが，近年のデバイスではリーク電流も無視できないくらいに大きくなってきている．リーク電流は特に携帯機器の待機時間に直接効いてくるため，リーク電流を減らす工夫が必要となってきている．

　図 7.7 に示すようにリーク電流にはトランジスタがオフであってもソース-ドレイン間に流れてしまうサブスレショルドリーク，ゲート酸化膜を通じて流れてしまうゲートリーク，PN 接合を逆方向に流れてしまうジャンクションリークがある．45 nm 世代ではゲートリーク：サブスレショルドリーク：ジャンクションリーク=5：4：1 程度であると言われている．

図 7.8　ゲートリーク

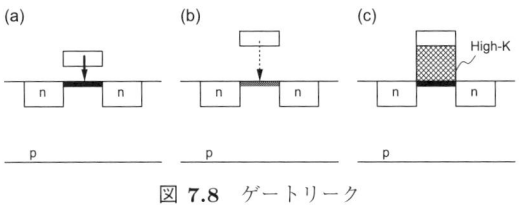

7.2.1　ゲートリークと High-K

微細化が進んでゲート酸化膜が数 nm となってくると，図 7.8(a) に示すようにゲート酸化膜にトンネル電流が流れるようになる．トンネル電流を抑えるために (b) のようにゲート酸化膜を厚くするとドレイン電流が小さくなって動作速度が遅くなる．(c) のようにゲート酸化膜に誘電率の高い材料（High-K 材料）を使用することでゲート酸化膜を厚くしてトンネル電流を減らすとともにチャネルに十分なキャリアが誘起されて（$C = \epsilon S/d$）ドレイン電流を十分に流すことが可能となる．

7.2.2　サブスレショルドリーク

サブスレショルド電流は $I_D = I_0(e^{qV_g/nkT} - 1)$ となることから，図 7.9(b) に示す $\log I_D$ の傾きの逆数である S ファクタは $S = nkT/q$ となって，これはプロセスに依存しない．理想的な $n = 1$ の場合には 60 mV/decade すなわち，V_G が 60 mV 変化するとドレイン電流は 1/10 になる．実際には $n = 1$ にはならずに 70 mV/decade や 80 mV/decade などとなる．たとえば 70 mV/decade の場合には，閾値電圧が 70 mV 小さくなるとリーク電流が 10 倍になることを示している．

プロセスの微細化が進んで電源電圧が低くなると，閾値電圧も低く設定することになる．図 7.9(b) に電源電圧が V_{DD1} の場合と微細化が進んで電源電圧が V_{DD2} となるトランジスタ特性の典型例を示す．微細化が進むことで電源電圧が下がっても同程度のドレイン電流 I_D が得られるが，トランジスタ閾値より下の状態を示すサブスレショルド特性の傾き（S ファクタ）は変わらないために，V_G=0 V 時のリーク電流が増えてしまうことになる．

リーク電流を減らすために，動作速度を犠牲にして高い閾値のトランジスタを用いて回路設計したり，マルチスレショルド回路 (MTCMOS) を用いて使わないブロックは電源を遮断したりするなどの工夫が必要となってきている．

図 **7.9** サブスレショルドリーク

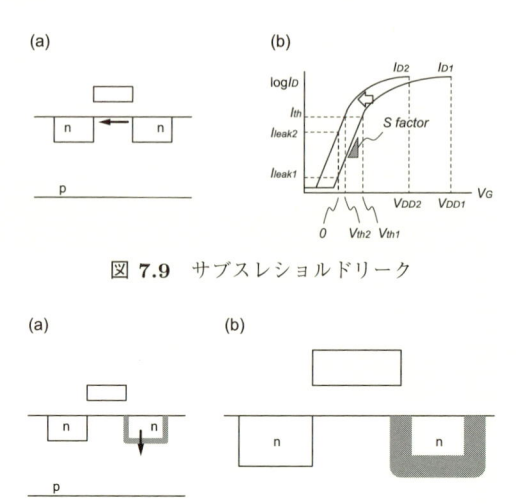

図 **7.10** PN 接合リーク

7.2.3 接合リーク

　微細化が進んでトランジスタサイズが小さくなると，それに合わせてソース・ドレイン領域を小さくするためにドープ濃度を高くする．その結果，図 7.10 に示すように PN 接合の逆バイアス時における空乏層が薄くなり，リーク電流が流れてしまう．

7.3 特性劣化

　最近のデバイスは，使うたびに特性が変わったり，使っているうちに特性が劣化して誤動作を起こしてしまったりする．特性が劣化しにくい回路構成にしたり，一部が壊れても全体ではなんとか動くような回路構成にする必要がある．

7.3.1 エレクトロマイグレーション

　図 7.11(a) の配線と (b) の配線，壊れるとしたらどちらであろうか？ 微細化の進展で配線が細くなることで配線を流れる電流密度が高くなる．電流が配線内を流れる際には電子が金属原子に衝突しながら進むが，(c) に示すように，電子が金属原子を少しずつ動かすことで金属原子の配置に偏りが生じて配線抵

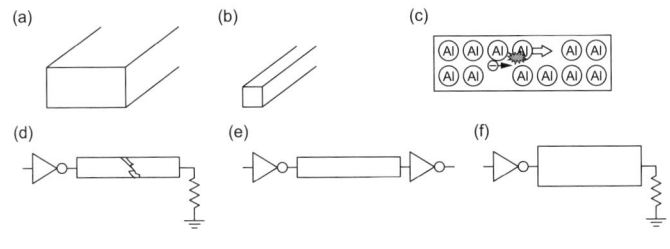

図 **7.11** エレクトロマイグレーション

抗が上昇し，最終的には金属配線が断線することがある．これをエレクトロマイグレーションと呼ぶ．エレクトロマイグレーションは電流密度が大きいほど起こりやすい．銅はアルミニウムよりもエレクトロマイグレーションが発生しにくいが，発生しないわけではない．また，配線だけでなく配線間を接続するビアでも発生することがある．

エレクトロマイグレーションは金属原子が電子の進行方向側に動かされることで発生するので，図 7.11(d) で常に ONE を出力しているなど，一方向に定常的に電流が流れる場合に起こりやすく，(e) のように一時的かつ反対方向に電流が流れる場合には起こりにくい．アナログ回路では一方向に定常電流を流す場合が多く，その場合は (f) のように配線を太くすること．

デザインルールマニュアルに最大許容電流密度が定められており，たとえば $1\,\mathrm{mA}/\mu\mathrm{m}$ と記述があれば配線幅 $1\,\mu\mathrm{m}$ 当たり $1\,\mathrm{mA}$ 以上の電流を流してはいけない，という意味である．その場合，$2\,\mathrm{mA}$ の電流が流れる場合は配線幅を $2\,\mu\mathrm{m}$ 以上にする必要がある．ビアの欄に $0.1\,\mathrm{mA}$ との記述があればビア 1 個当たり $0.1\,\mathrm{mA}$ 以上の電流を流してはいけない，という意味なので，たとえば $10\,\mathrm{mA}$ の電流を流す場合には 100 個のビアを並列に打つ必要がある．デザインルールマニュアルには直流・交流は区別していないことが多い．

7.3.2 ストレスマイグレーション

温度が上がると物質は膨張する．この際の膨張係数は物質によって異なるために，温度変化が起こると異物質の界面に応力が生ずる．LSI 内部では，図 7.12 に示すように酸化膜と金属配線との膨張係数の違いによって配線が引っ張られて配線抵抗が増加したり，断線するケースがある．これをストレスマイグレーションと呼ぶ．配線が細いほど起こりやすく，また，アルミ配線よりも銅配線の方が起こりやすいために，微細化の進行とともに深刻化してくる．ただし，

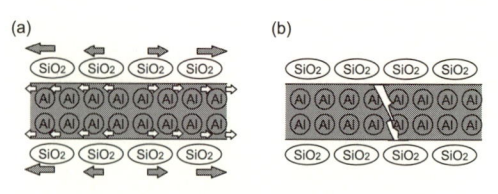

図 7.12　ストレスマイグレーション

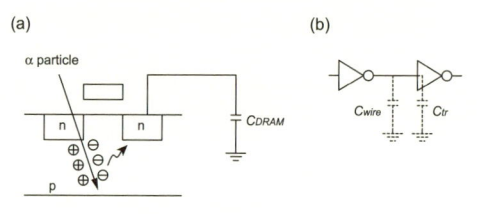

図 7.13　ソフトエラー

設計者としてはデザインルールで規定された配線太さを守って設計するのみであり，対策はプロセスエンジニアにゆだねられている．

7.3.3　ソフトエラー

　宇宙から地球に降り注いでくる宇宙線は中性子や α 線を含んでいる．さらにパッケージ材料などにもごく微量であるがウランなどが含まれており α 線を放出する．これらの α 線は高エネルギーを持っており，LSI に注入されると図 7.13(a) に示すように電子–正孔対を生成する．ここで発生した電子と正孔はトランジスタにバイアスされている電圧によるポテンシャルに応じて移動する．たとえば DRAM に α 線が注入された場合には，図 7.13(a) に示すように発生した電子–正孔対が DRAM 容量に保持している電荷を反転させてしまう場合がある．微細化の進展によって保持電荷量も小さくなるため，ソフトエラーも起こりやすくなる．また，以前は DRAM でのみ発生してロジック回路では発生しなかったが，近年では SRAM や図 7.13(b) のように組み合わせ回路においてもソフトエラーが発生するようになってきている．

　対策としては，α 線が注入しないようにチップ（パッケージ）表面を特殊材料でコーティングしたり，シリコン基板にわざと欠陥を入れて，α 線で発生した電子–正孔対を吸収するなどのプロセス技術だけでなく，フリップフロップの部分二重化を用いたりソフトエラーに弱い部分のトランジスタを大きくするなど，回路技術の工夫によってソフトエラー耐性を向上させている．

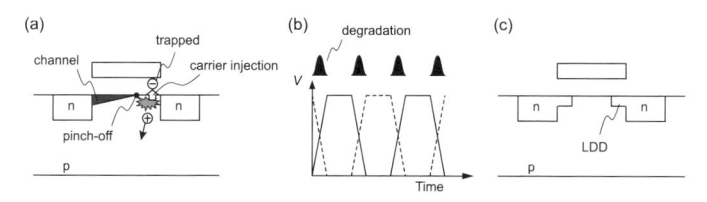

図 **7.14** ホットキャリアインジェクション

7.3.4 ホットキャリア

飽和領域で動作するトランジスタでは，チャネル端であるピンチオフ点よりもドレイン側に高電界の領域が存在する．チャネル中の電子は電界によって加速されるが，この高電界領域でエネルギーを得た電子は衝突電離 (impact ionization) を起こして電子−正孔対を発生させる．その一部の電子は図 7.14(a) に示すようにゲート酸化膜にトラップされて固定電荷となり，NMOS の閾値電圧を上昇させてトランジスタ特性の劣化を引き起こす．これをホットキャリアインジェクション (HCI: Hot Carrier Injection) と呼ぶ．

ホットキャリアは飽和領域で電流が流れている際に発生する．したがって，ゲート電圧は V_{DD} ではなく V_{DD} よりもやや低い電圧でドレイン電圧が V_{DD} のときに発生しやすい．ロジック回路ではスイッチング電流が流れている際に発生する．たとえば図 7.14(b) が CMOS インバータの入出力特性だとすると，入出力の変化時にホットキャリアによる特性劣化が起こるため，低周波数での動作では問題になりにくく，高周波動作で発生しやすい．微細化による LSI の高周波動作化，低閾値化による電子 1 個当たりの閾値変動への影響の増大，サイズの微細化に比べて低電圧化が遅れることによる電界強度の増大，などの相乗効果で微細化にともなって大きな問題になりつつある．

一般的に，トランジスタの性能劣化は高温の方が起こりやすいが，ホットキャリアの場合には低温ほど劣化が大きい．低温になると結晶の熱振動が少なくなって電子が移動する際の衝突確率が減少し，高エネルギーを持つホットキャリアになる確率が大きくなるためである．

ホットキャリアによる特性劣化を防ぐためには，図 7.14(c) に示すようにドレイン近傍を低濃度領域とする (LDD: Lightly Doped Drain) 構造を用いる．また，設計技術としては，ホットキャリアが発生するようなバイアス状態をなるべく避けるとともに，ホットキャリアによって特性劣化が起こっても動作する

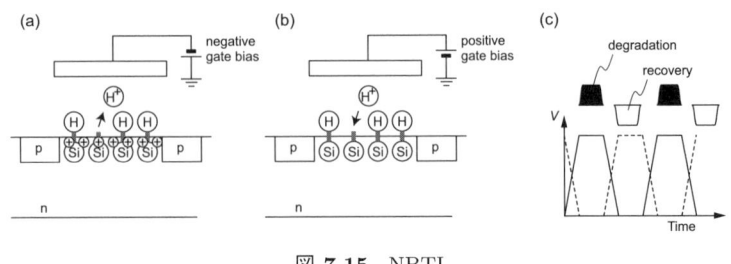

図 7.15　NBTI

ような回路構成にしておくことが求められる．

7.3.5　NBTI

　PMOS に負のゲートバイアスを長時間かけると閾値が上がってトランジスタ特性が劣化する．これを NBTI (Negative Bias Temperature Instability) と呼ぶ．NBTI の原因を図 7.15 に示す．ゲート酸化膜の界面は Si-H として存在するが，(a) のようにゲートに負のバイアスをかけると正孔によるチャネルが生成され，正孔と Si-H が電気化学反応を起こして水素がリリースされて酸化膜中にトラップを形成する．このときの界面準位の増加や酸化膜中のトラップが閾値の上昇をもたらす．近年では，PMOS の NBTI だけでなく NMOS での PBTI (Positive Bias Temperature Instability) も観測されるようになってきている．

　また，NBTI の特徴として，ゲートに正のバイアスをかけることで特性が回復することが挙げられる．図 7.15(b) に示すように，リリースされた水素がもとの Si-H の状態へと戻ることにより，トランジスタ特性も元に戻る．したがって，たとえば (c) が CMOS インバータの入出力特性だとすると，一定値を保っている間に劣化もしくは回復のモードに入るため，正のバイアスと負のバイアスを繰り返す場合には一定 DC バイアスを掛け続けた場合よりも NBTI 寿命が向上する．回路設計技術としては，NBTI の発生によって特性が劣化しても動作する回路構成にするとともに，回復特性を活かした構成によって NBTI による劣化を防ぐことも可能であろう．

7.3.6　RTN

　ゲート酸化膜の界面には電荷がトラップされる準位が存在する．図 7.16(a)，(b) に示すように，その準位に電荷がトラップされる/されない，の違いによってトランジスタ閾値などの特性が変化する．微細化が進んでトランジスタサイズ

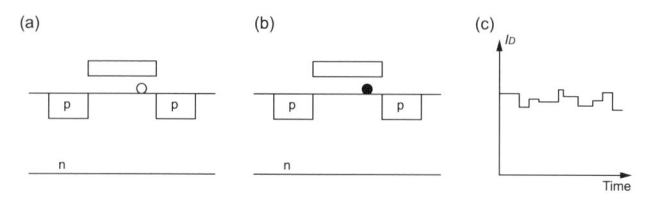

図 **7.16** RTN: ランダムテレグラフノイズ

が小さくなるとトラップ 1 個当たりの影響が大きくなり，同じトランジスタを同じバイアス条件でドレイン電流 I_D を観測したときに (c) に示すように I_D がステップ状に時間変化することが観測される．これを RTN (Random Telegraph Noise) と呼ぶ．電荷がトラップ準位にトラップされてからリリースされるまでの時定数は数 ns から数 s まで広く分布しており，したがって (c) の電流波形変化スペクトルも広く分布することになる．

RTN は 45 nm 世代までは大きな影響にはならないが，20 nm 世代になると RTN の影響が NBTI による劣化と同程度かそれ以上の悪影響を及ぼすことが予想されており，SRAM が誤動作するとも予想されている．デバイスおよび回路設計の双方からのアプローチによる解決が必要とされる．

7.3.7 劣化予測シミュレーション

製造ばらつきは製造時に値が決まり，その後の変化は起こらないのでモンテカルロシミュレーションによって予測する．ソフトエラーは瞬間的に事象が発生し，電流源などを用いて模擬できる．RTN は常にランダムに変化しており，ショットノイズやサーマルノイズと同様にノイズパワーとして扱うことになるであろう．エレクトロマイグレーションによる劣化は，劣化が起こらないような配線設計をすることで，回路設計時に扱う必要はない．

ホットキャリアと NBTI/PBTI に関しては，長時間かけてゆっくりと特性が変化し，かつ，バイアス状態によって劣化や回復が起こるため，SPICE によって劣化をシミュレーションすることになる．劣化モデルとしては MOSRA (MOS Reliability Analysis) と呼ばれるモデルが広く用いられており，ほとんどの SPICE シミュレータではトランジスタモデルと同様に，MOSRA モデルを内蔵していて，劣化・回復に関するパラメータ値を与えると回路動作に応じてどの程度の劣化が起こるかを予測することができる．ホットキャリアだけ，NBTI/PBTI だけ，ホットキャリアと NBTI/PBTI の両方，なども指定可能．

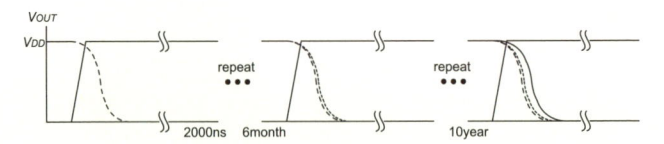

図 7.17 MOSRA による劣化予測シミュレーション

たとえば HSPICE では以下のようにしてシミュレーションする.

```
*-------------------- Circuit Definition --------------------
.OPTION POST=2 POST_VERSION=2001
.OPTION ACCURATE

.OPTION PROBE
.PROBE V(OUT) V(IN) V(n1) V(n2)
.param mvdd = 1.8
.TEMP = 27


.TRAN 0.1p 2000n
VIN IN 0 pwl(0n 0, 10n 0, 10.05n mvdd, 1990n mvdd, 1990.05n 0)
VVDD VDD 0 DC mvdd
VGND GND 0 DC 0


m0 n1 in gnd gnd n L=180e-9 W=700e-9
m1 n1 in vdd vdd p L=180e-9 W=2e-6
m2 n2 n1 gnd gnd n L=180e-9 W=700e-9
m3 n2 n1 vdd vdd p L=180e-9 W=2e-6
m4 out n2 gnd gnd n L=180e-9 W=700e-9
m5 out n2 vdd vdd p L=180e-9 W=2e-6


*-------------------- MOSRA model --------------------------
.model p_m mosra   * model definition
+ level=1
```

```
+ tit0=2e-4         * delta-Vth is proportional to tit0
+ titfd=7.5e-10     * refer to the manual for the parameter details
+ tittd=-1.45e-20
+ tn=0.25
+ ttd0=1 tdcd=-2.8 * these two parameters relates to the recovery

.appendmodel p_m mosra p pmos   * model replacement

.mosra
+ reltotaltime=3.15e+7   * stress time
+ relmode=2              * 0:HCI&BTI, 1:HCI, 2:BTI
+ simmode=3              * 0:before stress, 1:after stress,
+                        * 2:before and after stress, 3:continuous
+ relstep=6.3e+6         * time step for the observation
*+ AgingPeriod=6.3e+7    * AW is under stress among AP
*+ AgingWidth=3.15e+7
+ aginginst="m3"         * specify the stressed instance.
                         * all instances are stressed if not specified

.MODEL N NMOS
+ LEVEL = 53
+ VERSION = 3.2

.MODEL P PMOS
+ LEVEL = 53
+ VERSION = 3.2

.END
*-------------------------------------------------------------
*mtest.tr0            simulation results without stress
*mtest.tr0@ra.grp     generated tr0 file lists
*mtest.tr0@ra=xxx     simulation results after xxx[sec]
*                     cscope cannot read the files with multiple dots
```

```
*mtest.radeg0         dVth is written.
*----------------------------------------------------------------
```

この例では，2000 ns のシミュレーションを行っているが，この状態を繰り返し繰り返し与えるとだんだんと特性が劣化し，6.3×10^6 秒 = 6ヵ月ごとの劣化の様子をシミュレーションしてくれる（図7.17）．

第8章
測定装置

　チップが届いたら測定する．え？　サンプリングオシロとリアルタイムオシロ？　オシロスコープはオシロスコープじゃないんですか？　え？　トリガ信号出力がないので測定できない!?　そんな...
なんてことにならないように，回路設計者は測定装置についても知っておく必要がある．

8.1 チップへ信号を出力するもの

8.1.1 電源

　まずは電源．図 8.1(a) に示すように 2 端子出力を持ち，接続されるインピーダンスによらず，したがって流れ出す電流値・周波数によらず，設定した一定電圧を常に出力し続ける．通常は電流リミッタ機能が付いていて，リミッタで設定した以上の電流を流そうとするとエラーを吐いてオープン出力となるか，電圧値が下がる．たとえば，1 V 出力で電流リミッタ 100 mA と設定した際に 1 Ω の抵抗を接続するとエラーとなる．これは，たとえば予期せずして電源とグランドがショートしていた場合などに大量の電流が流れてチップが燃えてしまったりという事故を防ぐ意味も持っている．測定対象に依存するが，とりあえず 300 mA 程度に設定しておくとよいであろう．また，通常の使用状況では，2 端子のうちの一方はグランド電位とすることが多い．
　内部回路はたとえば図 8.1(b) のようになっている．通常，設定電圧を発生する DA コンバータは大きな電流を流すことができないので，ユニティゲインアンプ構成にすることで，大電流を流すことができるようにしている．ただし，このような構成ではユニティゲインアンプのバンド幅よりも高い周波数成分で電流値が変化することができない．一般的に電源の周波数特性は (c) に示すよ

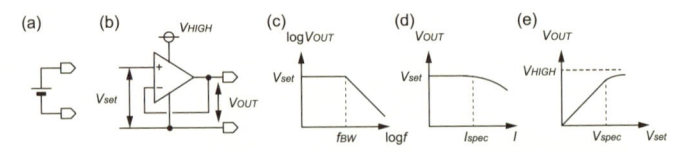

図 8.1 (a) 電源, (b) 内部回路と (c)(d)(e) 電源電圧特性

うなローパス特性を持つ. また, 電流リミットを外して負荷抵抗を小さくすると大きな電流が流れるが, (d) に示すように一定以上の電流を流すと出力電圧が下がることになり, 電源の仕様として定格電流 I_{spec} が定められている. 電流を定格電流以内に抑えながら設定電圧を上げても (e) に示すように一定以上の電圧は出力されない. これが定格電圧 V_{spec} となる.

このような電源は出力段に電子回路を用いているため, 微弱ながらノイズを持つ. どうしてもそのノイズが気になるようであれば, 設定電圧の自由度や定格電流, 電荷容量などが気になるが, 乾電池を用いると低ノイズの電源となる (らしい).

8.1.2 シグナルジェネレータ

信号発生回路. SG と略すこともある. とにかくきれいなサイン波を出力する. 一般的には図 8.2(a) のシンボルで表し, 一端がグランドに接続される伝送線路に対して信号出力する. (b) に示すようにグランドを中心に電圧が出力されるのが一般的である. (c) に示すように任意の DC 電圧を加えて出力するオプションを持つ装置もあるが, 外部にバイアスティー (第 9 章で紹介) を用いて DC 電圧を調整するのが一般的である.

出力波形として周波数と振幅が設定可能である. 周波数の設定では周波数を入力するだけなので問題ないが, 振幅の設定では, dBm 表示, ピークピーク電圧 V_{pp}, 実効電圧 V_{eff} のいずれかで設定する. dBm とは $50\,\Omega$ 終端に対する $1\,\mathrm{mW}$ を基準とした電力の dB 表示のことである. $0\,\mathrm{dBm}$ は $1\,\mathrm{mW}$ のことであり, $P = V_{eff}^2/R$ より $V_{eff} = \sqrt{PR} = \sqrt{1 \times 10^{-3} \times 50} = 0.2236\,[\mathrm{V}]$ となる.

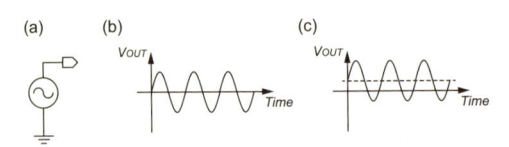

図 8.2 (a) SG のシンボル, (b) 出力波形, (c) DC バイアスを付加

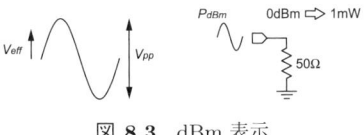

図 **8.3** dBm 表示

一般的に，dBm 表示パワーと電圧との関係は

$$P_{dBm} = 10 \log_{10} \frac{V_{eff}^2/R_{50}}{1\,\mathrm{mW}} \quad \Leftrightarrow \quad V_{eff}^2 = 10^{\frac{P_{dBm}}{10}} \times R_{50} \times 1\,\mathrm{mW} \quad (8.1)$$

となる．ちなみに実効値 V_{eff} での電圧は $V = \sqrt{2}V_{eff}\sin(\omega t)$ であり，$V_{pp} = 2\sqrt{2}V_{eff}$ である（図 8.3）．

出力振幅は $-100\,\mathrm{dBm}$ ($V_{pp} \sim 6\,\mathrm{uV}$) から $15\,\mathrm{dBm}$ ($V_{pp} \sim 3.5\,\mathrm{V}$) 程度まで調整可能であり，ジッタは数百 fs 程度，高調波は $-30\,\mathrm{dBc}$（所望周波数強度に対して 3 倍高調波の強度が 1000 分の 1）以下となるのが一般的である．また，オプションなどで AM/FM/位相変調などが可能なものもある．

ここで，出力電圧と特性インピーダンス，終端抵抗についてもう一度述べておく．シグナルジェネレータに限らず，信号の出力装置では，受信側の入力インピーダンスを想定していないと正しい電圧を出力できない．図 8.4(a) のように，50 オーム系で測定系を組む場合には，出力インピーダンス $50\,\Omega$ で $2V_0$ の内部電圧を出せば，受信端で V_0 が入力されることになる．このとき，出力電圧が V_0 というのはこのような状態を指す．受信端に $1\,\mathrm{M\Omega}$ を想定している場合は (b) に示すように出力電圧と同じ内部電圧を用いて波形を出力する．ただし，特性インピーダンスが $1\,\mathrm{M\Omega}$ の伝送線路は通常使用しないため，この場合には反射が起こることを覚悟して使用すべきである．

一般的な GHz クラスの高速測定用装置は $50\,\Omega$ 系で (a) を想定しており，MHz クラスの測定装置は $1\,\mathrm{M\Omega}$ 系で (b) を想定しているものが多い．(b) を想定した信号発生装置からの信号を $50\,\Omega$ 終端で受けても HIGH が設定電圧まで上がらないし，(a) を想定した信号発生器からの信号を $1\,\mathrm{M\Omega}$ で受けると (c) のように設定 V_0 の倍の電圧が入力され，場合によってはチップが壊れてしまう．装置がどのようなタイプであるか確認してから使用し，設計段階から装置に合わせた IO バッファを選択する必要がある．また，装置によっては受信端が $50\,\Omega$ 終端か $1\,\mathrm{M\Omega}$ 終端か選択できるものがあり，状況に応じて選択する．このタイプの装置では $1\,\mathrm{M\Omega}$ 終端の場合にも出力インピーダンスが $50\,\Omega$ となっており，(d) に示すように最初に $V_0/2$ の電圧が伝送線路内に入射され，受信端で反射率

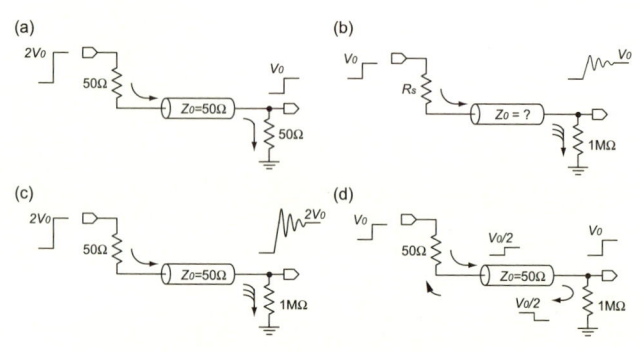

図 **8.4** インピーダンスと出力電圧

$\Gamma_L = 1$ のオープン反射となるために受信端電圧が V_0 となり，送信端が整合終端となって反射率 $\Gamma_s = 0$ で信号が吸収される．

8.1.3 パルスパターンジェネレータ

PPG (Pulse Pattern Generator) や「パルジェネ」とも呼ばれる．図 8.5 に示すように ONE/ZERO のデータ出力を複数持ち，そのデータに同期した CLK，その CLK の 8 分周や 1024 分周などのトリガ用 CLK を出力する．データはプログラム可能で，1 通り出力して終了したり，指定回数繰り返して終了したり，無限の繰り返しなどを指定できる．出力周波数は数値で指定する場合と，外部からのトリガ入力に同期して出力する場合とがある．出力振幅も指定可能で，受信側の終端抵抗 ($50\,\Omega/1\,\mathrm{M}\Omega$) の選択が必要となる場合も多い．複数データを出力する場合は，その時間差もプログラム可能なものがある．よーするに，デジタルデータを自由に出力するための装置，といったところ．

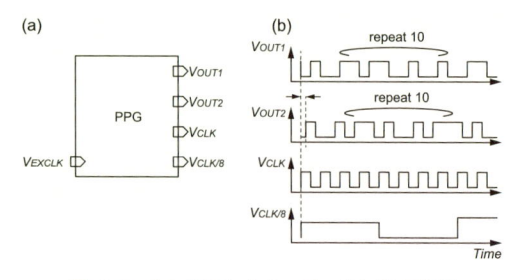

図 **8.5** (a) PPG イメージ，(b) 出力波形

8.2 チップからの信号を観測するもの

8.2.1 サンプリングオシロスコープ

原理

　電圧の時間変化を測定するのに最も一般的に使うのがオシロスコープである．サンプリングオシロスコープでは，図 8.6(a) に示すように，観測すべきデータ波形は一定間隔での繰り返し波形であると仮定し，繰り返し間隔に同期したトリガ信号を必要とする．トリガ信号が入力されるたびに，オシロスコープ内部でトリガ信号よりも $k\Delta t$ だけ遅れたサンプル＆ホールド信号 SH を生成する．k はトリガ信号が入力されるたびに 1 ずつ増加する．SH パルスが生成された瞬間のデータ波形の電圧を保持しておき，保持しておいた波形を (b) に示すように Δt ずつずらしながら描画することで入力波形が合成できる．

トリガ

　原理からもわかるように，トリガ信号周期はデータ信号の繰り返し周期の整数倍 $T_{trigger} = NT_{repeat}$ となる必要がある．仮にトリガ信号としてデータ信号よりも短い周期で同期するものを用いた場合には図 8.6(c) のタイミングでデータ波形をサンプルするため，合成波形は (d) のような波形になってしまう．

サンプリング周期と等価時間サンプリングと時間分解能

　SH 信号のシフト量 Δt が小さいほど合成波形のサンプリングポイントが密になって正確な波形を得ることができる．これをサンプリング周波数と呼び，$f_{sample} = 1/\Delta t$ である．たとえば 50 Gsample/s (GS/s) の場合は $\Delta t = 20$ ps である．

　実際のオシロスコープでは，50 GS/s であっても，もっと細かい時間間隔で波形を測定している．これは等価時間サンプリング (ETS: Equivalent Time Sampling) と呼ばれ，図 8.6(e) に示すように，サンプリング信号を内部で $\Delta t/N$（図では $N = 4$）だけシフトしながら N 回の測定を重ね書きすることによって，さらに細かいタイミングでデータ波形をサンプルしている．

　時間分解能とは，合成波形の最小時間間隔を指し，サンプリング間隔ではなく等価時間サンプリングのシフト量 $\Delta t/N$ で決まる．

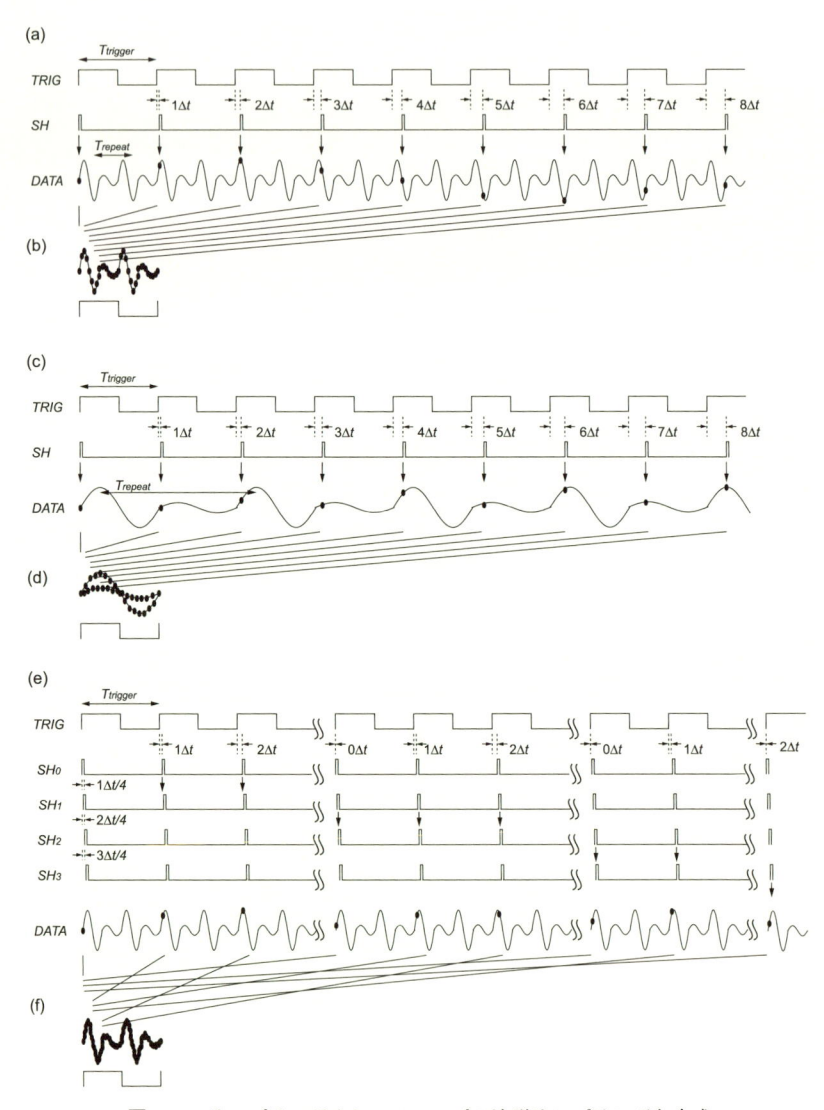

図 8.6 サンプリングオシロスコープの波形サンプリングと合成

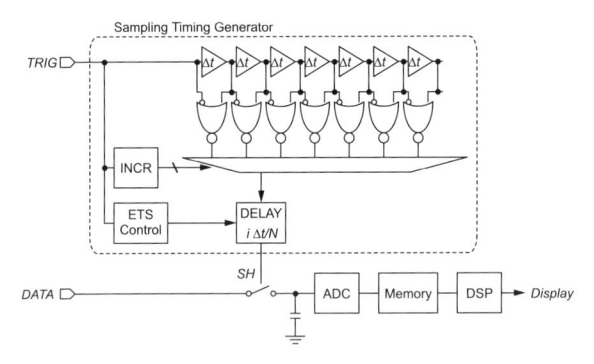

図 **8.7** サンプリングオシロスコープの内部回路

ブロック図

　サンプリングオシロスコープの内部は，たとえば図 8.7 のようになっている．サンプリングタイミングジェネレータではサンプリング周期を生成する各段の遅延が Δt である遅延チェインと，等価時間サンプリングの $\Delta t/k$ の遅延を生成する遅延ブロック DELAY とがあり，SH 信号で入力信号をサンプル&ホールドした電圧を A/D 変換回路でデジタルデータに変換してからメモリに格納し，DSP などで処理して画面に表示することになる．

帯域幅

　バンド幅とも呼ばれ，SH 信号でデータ信号をサンプリングする際のサンプリング可能な最高周波数を表す．図 8.8(a)–(e) は，上部が入力波形とサンプリングポイントを示し，下部はサンプリングポイントを直線で結んだ波形である．この図からもわかるように，SH 信号のパルス幅よりも短い間隔で変化する信号はサンプリングできない．図 8.8(f) に示すように周波数を変えながらサイン波を入力し，合成波形のサイン波の振幅がオリジナルの振幅の $1/\sqrt{2}$ になる点がオシロスコープの帯域幅 f_{BW} となる．

　理論的には，帯域幅はサンプリング間隔で決まり，帯域幅 f_{BW} とサンプリング間隔との関係はナイキストの標本化定理より $f_{BW} = 1/(2\Delta t/N)$ となる．たとえば図 8.8(a)–(d′) では，オリジナル波形の周波数はサンプリング周波数の半分であるナイキスト周波数よりも低く，ナイキスト周波数よりも大きな周波数成分を含まないと仮定すると，下部のサンプリング結果から上部のオリジナル波形が復元できる．ここで，(d) や (d′) であっても「ナイキスト周波数以上の

図 8.8 帯域幅

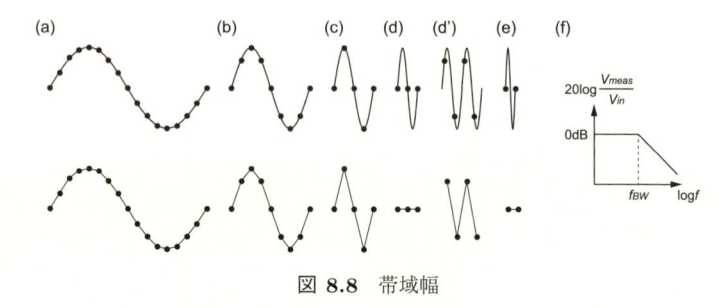

成分を持たない」と仮定できる場合には復元が可能である．(e) ではその仮定が崩れているので復元できない．

実際には，プロービングヘッドの帯域や，オシロスコープ内部のサンプル&ホールド回路の特性などもあって，実際の帯域幅はサンプリング間隔で決まる理論値よりも劣化することになる．

等価時間サンプリングで高い時間分解能を持っていたとしても，通常はその時間分解能で決まるほどには帯域幅は高くはなく，帯域幅はあくまでプロービングヘッドの帯域や，オシロスコープ内部のサンプル&ホールド回路特性で決まることに注意．

入力インピーダンス

原理を理解した後は，実際に測定して設定をいじりながら波形がどのように表示されるかを観察するのがオシロスコープを使いこなす最も近道であるが，入力インピーダンスについてはここで解説しておく．

図 8.9 に示すように，LSI とオシロスコープとは伝送線路で接続され，LSI の出力インピーダンスを R_s，オシロスコープの入力インピーダンスは R_{IN} とする．一般的にオシロスコープの入力インピーダンスは $50\,\Omega$ と $1\,\mathrm{M}\Omega$ との切り替えが可能である．高速の信号を扱う場合は，信号の反射を防ぐために $Z_0 = 50\,\Omega$ の伝送線路を用いて $R_{IN} = 50\,\Omega$ とする．50 オーム系でまとめることで反射は抑えることができるが，観測される電圧レベルは V_0 ではなく $V_0 R_{IN}/(R_s + R_{IN})$ となってしまう．オシロスコープの入力インピーダンスを $R_{IN}=1\,\mathrm{M}\Omega$ とすると観測される電圧レベルは V_0 となるが，伝送線路での終端整合が取れておらずに反射が起こるため，低速の信号でしか使用することができない．反射と信号速度と電圧レベルを考えながら使用する伝送線路のインピーダンスとオシロスコープの入力インピーダンスを決めること．また，チップ設計において IO を

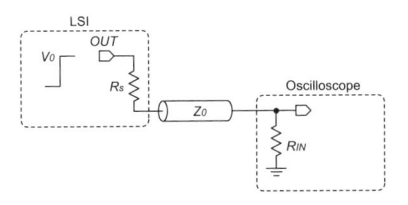

図 **8.9** オシロスコープの入力インピーダンス

設計(選択)する際には「この信号は高速なので 50 オーム系で測定するため,出力バッファの出力インピーダンス R_s を小さくするために W の大きなトランジスタを使おう」といったぐあいに測定のことも考慮して設計する必要がある.

アイパターン

通信用 LSI を作っているとアイパターンの測定が必須となり,これはオシロスコープを使用して測定する.図 8.10 に示すように,CLK に同期してランダムに変化する ONE/ZERO のデジタル信号波形を,CLK に同期したトリガを用いて繰り返し「重ね書き」する.図 8.10(a) に示すようなきれいな波形であれば,重ね書きした結果はその右のような形になる.人間の目の形に似ている

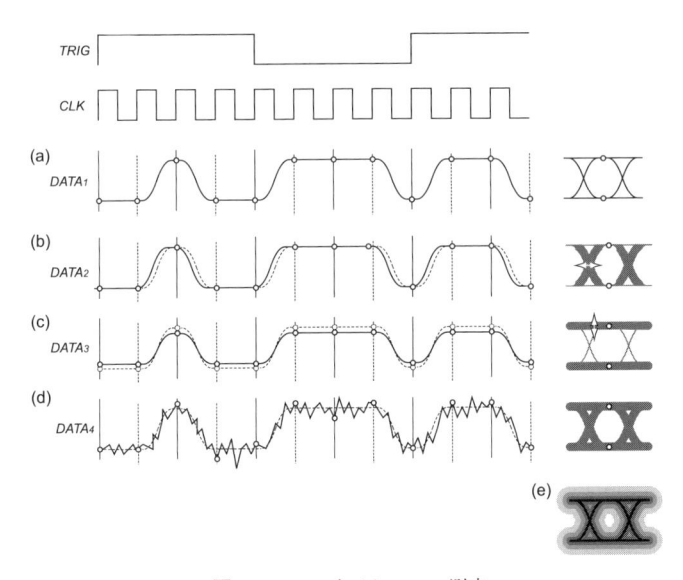

図 **8.10** アイパターンの測定

ことからアイパターンやアイダイアグラムと呼ばれる．本書ではアイパターンと呼ぶことにする．(b) に示すように時間方向にタイミングがずれるジッタが発生するとアイパターンの目が横方向につぶれ，(c) に示すように電圧方向にずれると縦方向に目がつぶれる．(d) に示すようにランダムなノイズが乗るとアイパターンの線が太くなる．繰り返し重ね書きした際に，その重ね書きの頻度を濃淡で示す機能をもっている場合には (e) のようなアイパターンが得られる．アイパターンは，ONE/ZERO のランダムなデジタル信号の長時間にわたる受信状態をシンプルに表す手段として広く用いられており，多くのオシロスコープではアイパターン測定モードが用意されている．まぁ，通常の波形測定を行い，表示の際に繰り返し重ね書きしているだけだったりするわけだが，気の利いたオシロスコープであれば，アイパターンの表示だけでなく，アイ開口率や予想ビットエラーレートなどを自動計算してくれる．

ジッタヒストグラム

PLL を作っているとジッタ測定が必須であり，こちらもオシロスコープを使用して測定する．PLL とは図 8.11(a) に示すように，周波数 f_{ref} を持つ参照クロック CLK_{REF} を入力すると，その整数倍の周波数 Nf_{ref} を持つクロック CLK_{PLL} を出力する回路である．参照クロックは水晶発振器からのきれいなクロックを用いるが，PLL の出力クロックはノイズ（ジッタ）を持つ．そのジッタ量を求めるのにジッタヒストグラムを測定する．$CLKREF$ を分割して PLL

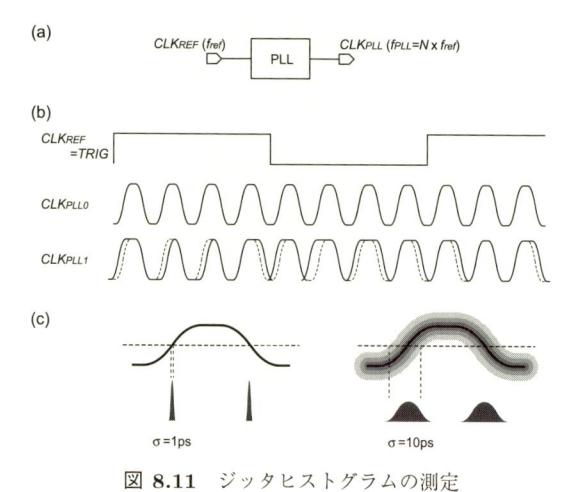

図 8.11 ジッタヒストグラムの測定

入力としてだけでなくオシロスコープのトリガ入力としても用いて PLL 出力を測定すると，(b) の CLK_{PLL0} のように PLL がジッタの小さいクロックを出力する場合や CLK_{PLL1} のように大きなジッタを持つ場合がある．アイパターン同様，PLL 出力を繰り返し重ね書きすると (c) のようになり，ある一定電圧（通常は出力振幅の半分）を交差する頻度をヒストグラムで表す．多くのオシロスコープでは，ジッタ測定モードが用意されている．通常はジッタ分布は正規分布となり，その標準偏差でジッタ量を表す．まぁ，こちらも通常の波形測定を行って表示の際に繰り返し重ね書きし，指定電圧を交差する回数をヒストグラムで表しているだけである．通常，標準偏差やピーク–ピーク値なども自動表示してくれる．

8.2.2 リアルタイムオシロスコープ

サンプリングオシロスコープではトリガ信号に同期した繰り返し波形しか観測できなかったが，リアルタイムオシロスコープでは繰り返し波形でなくても観測可能である（もちろん繰り返し波形も観測可能）．図 8.12(a) に示すように，観測開始後の最初のトリガ信号立ち上がりから Δt の一定間隔で，メモリが満杯になるまでデータを取得する．場合によっては，トリガの立ち上がりの一定時間前からデータを取得できるものもある．

基本的なブロック図を図 8.12(b) に示す．周期パルス発生回路から Δt 間隔でパルスを出力する．SR ラッチをリセットしておき，トリガで SR ラッチをセットすることで周期パルスがサンプル&ホールド回路へと出力され，入力データを取得・観測する．

ただし，この方法だとサンプル&ホールド回路，A/D 変換回路などが Δt 間隔で動作する必要があり，サンプリング間隔を短くすることができない．そこで図 8.12(c), (d) のように N 個のブロックを交互に動作させることで，各サンプル&ホールド回路，A/D 変換回路は $N\Delta t$ の間隔で動作すればよいことになり，サンプリング間隔を短くすることができる．(c), (d) では $N = 4$ の場合を示している．

なお，リアルタイムオシロスコープでは，繰り返し波形を前提とした等価時間サンプリングは意味をなさない．また通常，リアルタイムオシロスコープはリアルタイム測定モードと繰り返し波形を仮定したサンプリング測定モードがあり，サンプリングモードでは等価時間サンプリングによって高い分解能を得ることができる．

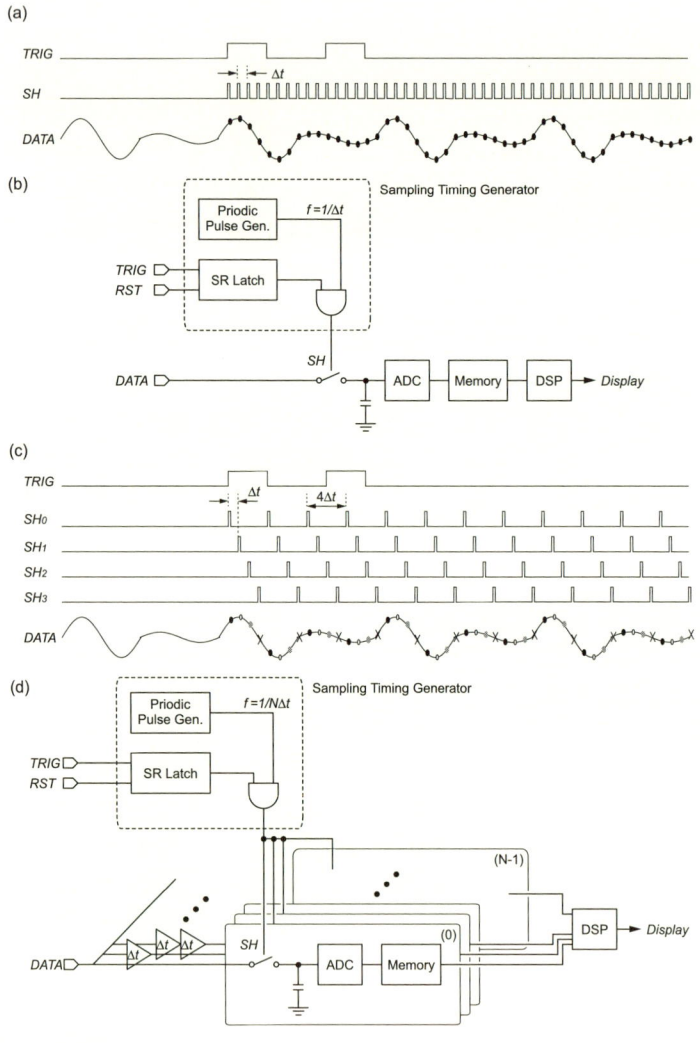

図 8.12 リアルタイムオシロスコープの測定波形とブロック図

ジッタスペクトル

サンプリングオシロスコープで測定したアイパターンやジッタヒストグラムは（当然ながら）リアルタイムオシロスコープを用いても測定することができる．さらにリアルタイムオシロスコープでは，サンプリングオシロスコープでは測定できなかったジッタの時間変化が測定できる．たとえば図 8.11 の波形を観測した場合，サンプリングオシロスコープではヒストグラムしか測定できなかったが，リアルタイムオシロスコープでは，理想周期に対して立ち上がりジッタが $-1\,\mathrm{ps}$, $+1\,\mathrm{ps}$, $+1\,\mathrm{ps}$, $0\,\mathrm{ps}$, $-1\,\mathrm{ps}$, $-2\,\mathrm{ps}$, $-1\,\mathrm{ps}$, $0\,\mathrm{ps}$, $0\,\mathrm{ps}$, $0\,\mathrm{ps}$ と変化するというジッタの時間変化も測定可能であり，それらをフーリエ変換することでジッタの周波数成分であるジッタスペクトルも計算できる．

8.2.3　スペクトラムアナライザ

「スペアナ」と呼ぶことが多い．信号の周波数成分を表示する．

原理

信号の周波数成分は図 8.13(a) に示すように，信号電圧の時間変化をリアルタイムオシロスコープで測定して FFT を掛けることで得ることができる．しかし，測定可能な周波数帯域がリアルタイムオシロスコープのサンプリング間隔で制限されてしまうため，あまり用いられない．

広く用いられているのは (b) のような構成である．背景理論としては，2 つの周波数の異なる正弦波を掛け算すると

$$V_S(t) = A_S \cos(\omega_S t + \theta) \tag{8.2}$$

$$V_L(t) = A_L \cos(\omega_L t) \tag{8.3}$$

$$V_S(t) \times V_L(t) = \frac{A_S A_L}{2}[\cos\{(\omega_S + \omega_L)t + \theta\} + \cos\{(\omega_S - \omega_L)t + \theta\}] \tag{8.4}$$

より，周波数の和の項と差の項が生成される．一般的に電子回路では低周波成分の方が扱いやすいので，フィルタを用いて差の項のみを抽出する．入力信号を V_S，ローカル発信器 (LO) の信号を V_L と考え，V_L の信号が完全にわかっている場合には，$\omega_S - \omega_L$ 成分の大きさ $(A_S A_L/2)$ から A_S が計算でき，信号 V_S の周波数成分がわかる．

この例では V_S の周波数成分は ω_S のみであるとしたが，(c) に示すように V_S に周波数の広がりがある場合にはミキサ出力の周波数成分は右のグラフのよう

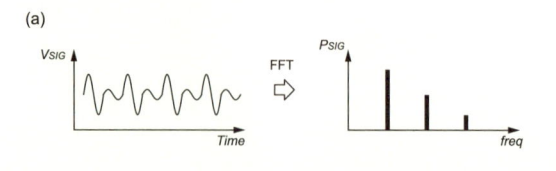

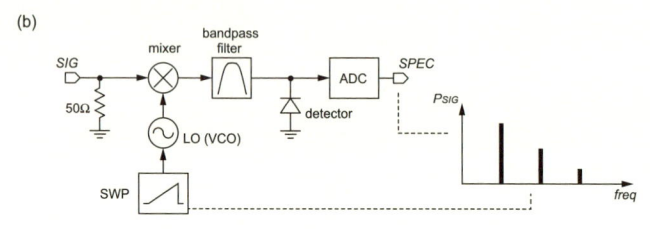

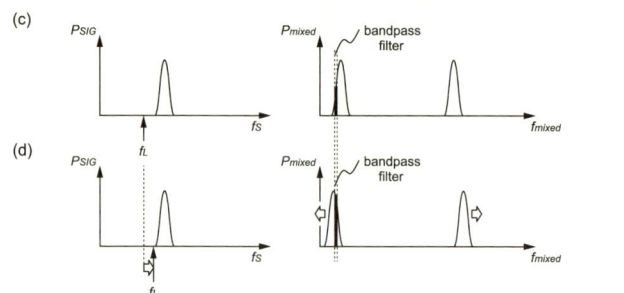

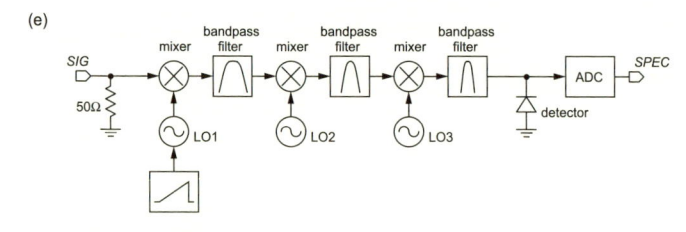

図 **8.13** スペクトラムアナライザの原理

に，V_S の周波数広がりの形がそのまま低周波側へと f_L だけ左シフト（ダウンコンバート）する．低周波では詳細なバンドパスフィルタが構成できるため，そのバンドに含まれるエネルギーを測定することで，もとの信号に含まれる周波数成分を得ることができる．(d) に示すように，局所発信器 (LO: Local Oscillator) の周波数を掃引することで入力信号のダウンコンバージョン量を変化させ，バンドパスフィルタは固定のままで等価的にバンドパスフィルタをスイープしている．

実際には，より高精度なスペクトル測定を実現するために図 8.13(e) に示すように 2 段階や 3 段階に分けて周波数変換を行うのが一般的である．

RBW とノイズフロア

最終段のバンドパスフィルタの幅はレゾリューションバンド幅 (RBW) と呼ばれ，スペクトル幅の精度を表す．スペアナの表示は，入力信号内のこの周波数幅に含まれるパワーを表している．

一般的に抵抗は熱雑音を発生する．ここで熱雑音とは，抵抗体内部の電子の不規則な熱振動によって生じる雑音である．温度 T において，抵抗体内で発生する雑音電圧 v_n は

$$v_n^2 = 4kTR\Delta f \tag{8.5}$$

となる．Δf は帯域である．雑音源から入力される 1 Hz 当たりの最大雑音エネルギーは

$$P_n = \frac{v_n^2}{4R} / \Delta f = kT \tag{8.6}$$

となり，これは抵抗値によらず，また周波数にもよらず一定値となる．ここで k はボルツマン係数である．300 K での値は

$$P_n = 1.38 \times 10^{-23}\,[\text{J/K}] \times 300\,[\text{K}] = 4.14 \times 10^{-21}\,[\text{W/Hz}] \tag{8.7}$$

であり，これを dBm で表示すると

$$10\log_{10}\left(\frac{4.14 \times 10^{-21}}{1 \times 10^3}\right) = -174\,[\text{dBm/Hz}] \tag{8.8}$$

となる．すなわち，1 Hz 当たり -174 dBm の熱雑音が常に発生していることになる．したがって，たとえばスペクトラムアナライザで RBW を 1 MHz で測定すると

$$P_n = -174\,[\text{dBm/Hz}] + 10\log_{10}(1 \times 10^6) = -174 + 60 = -114\,[\text{dBm/Hz}] \tag{8.9}$$

のノイズフロアとなる．

信号に含まれる周波数純度と信号レベルに応じて，最適な RBW で測定する必要がある．

8.3 信号の入出力両方あるもの

8.3.1 BERT

Bit Error Rate Tester の略で，ビットエラーレート試験器とも言われる．ノイズがあったり減衰が大きいなど，伝送路が不安定な状態において ONE/ZERO デジタル値の送受信がきちんと行われているかをテストする際に使用する．前節で学んだアイパターンとも密接な関係がある．

実際に伝送されるデジタルパターンは ONE と ZERO がランダムに混ざっている．真の「ランダム」な信号はそれがランダムであるがゆえに伝送テストに不向きであり，伝送テストでは PRBS (Pseudo Random Bit Stream) と呼ばれる疑似ランダム信号を用いる．疑似ランダム信号は図 8.14(a)–(c) のような回路を用いて発生させる．通常，初期値としてすべての FF に ONE を与える．(a) では 1,1,1,0,1,0,0 の 7 ビットの繰り返しを出力することになる．一般的に m 個のシフトレジスタを用いた場合には $2^m - 1$ ビットの「擬似的にランダムな」繰り返し信号を発生することになり，(a), (b), (c) では $2^3 - 1 = 7$, $2^4 - 1 = 15$, $2^5 - 1 = 31$ ビットの繰り返しとなり，また，m 回の ONE 連続と $m - 1$ 回の

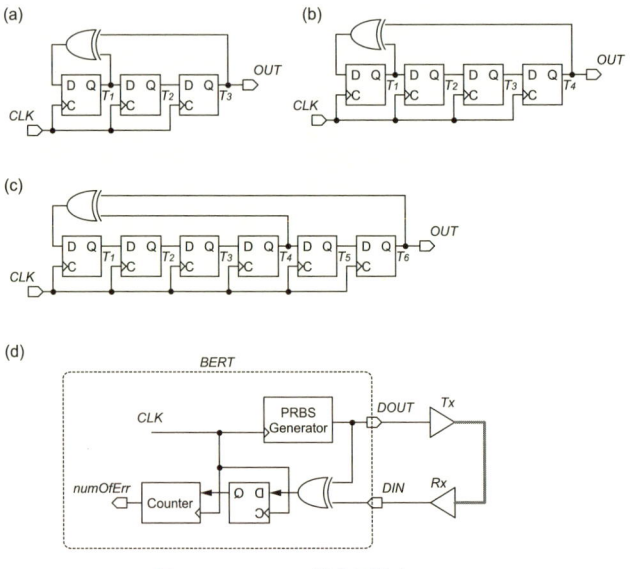

図 **8.14** PRBS 発生回路と BERT

ZERO 連続を含む．XOR ゲート入力へ引き出す FF の数と場所は「ガロア体演算から生成される最小シフトアルゴリズム」を用いるが，その詳細は数学であって回路設計者には重要ではない．LSI 通信の試験では $m = 7, 15, 23, 31$ がよく用いられる．

BERT では (d) に示すように PRBS 信号を出力し，何回の通信エラーが発生するかをカウントすることで，送信回路・受信回路および伝送路の伝送特性を測定する（図では示さなかったが，入力信号 DIN と内部 CLK との位相調整回路や，N クロック分のレイテンシ調整回路も付いているのが普通である）．

8.3.2　ネットワークアナライザ

スミスチャート

伝送線路を用いた場合，図 8.15(a) に示すように送信端から送った信号は反射して戻ってくることになり，その反射率は特性インピーダンス Z_0 と終端インピーダンス Z_L の関数であって

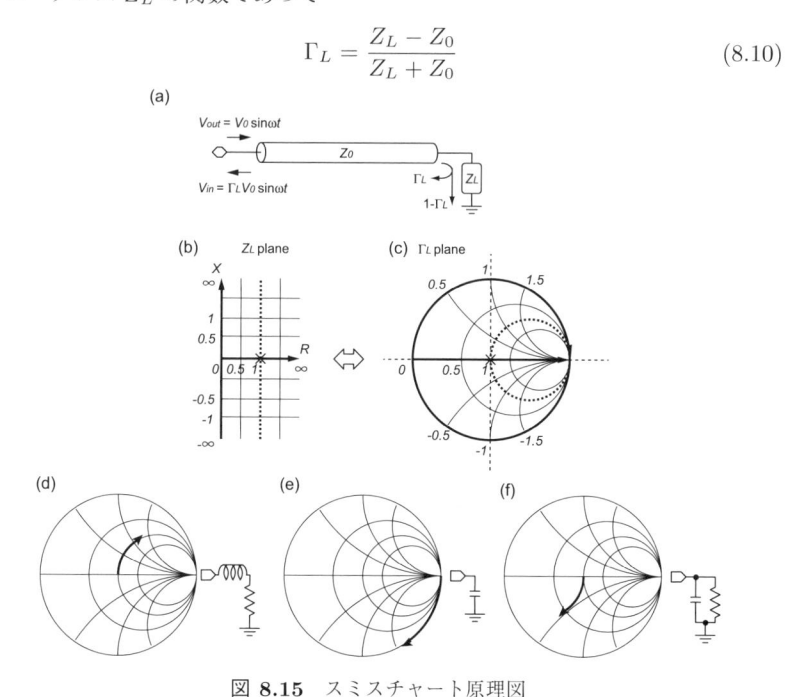

$$\Gamma_L = \frac{Z_L - Z_0}{Z_L + Z_0} \tag{8.10}$$

図 **8.15**　スミスチャート原理図

となることを 5.1.3 項で学んだ．このとき Z_0 がわかっていて，反射率 Γ_L がわかれば Z_L を計算することができる．すなわち，$V_0 \sin \omega t$ の信号を出力し，その反射波の振幅と位相を測定すれば $Z_L(\omega)$ がわかる．これを周波数をスイープさせながら繰り返すことで $Z_L(\omega)$ を知ることができ，Z_L の周波数特性から Z_L が抵抗性，容量性，インダクタ性のいずれを持つのか，それらがどのように組み合わされているかが抽出できる．

終端インピーダンスが増幅作用を持たない素子であれば反射率の大きさが 1 を越えることはない．いま，

$$\Gamma_L (= |\Gamma_L| e^{j\theta}) = u + jv \tag{8.11}$$

$$\hat{Z} = \frac{Z_L}{Z_0} = \hat{R} + j\hat{X} \tag{8.12}$$

と置いて式 (8.10) に代入して整理すると

$$\hat{R} = \frac{(1-u)^2 - v^2}{(1-u)^2 + v^2} \tag{8.13}$$

$$\hat{X} = \frac{2v}{(1-u)^2 + v^2} \tag{8.14}$$

となる．式 (8.13) から

$$\left(u - \frac{\hat{R}}{\hat{R}+1}\right)^2 + v^2 = \left(\frac{1}{\hat{R}+1}\right)^2 \tag{8.15}$$

となり，$\hat{R}$ が一定で $\hat{X}$ が変化した場合の Γ_L は，中心が $(\frac{\hat{R}}{\hat{R}+1}, 0)$，半径が $\frac{1}{\hat{R}+1}$ の円群を表し，$(1,0)$ を必ず通る．同様に式 (8.14) より

$$(u-1)^2 + \left(v - \frac{1}{\hat{X}}\right)^2 = \left(\frac{1}{\hat{X}}\right)^2 \tag{8.16}$$

より，$\hat{X}$ が一定で $\hat{R}$ が変化した場合の Γ_L は，中心が $(1, \frac{1}{\hat{X}})$，半径が $|\frac{1}{\hat{X}}|$ の円群を表し，$(1,0)$ を必ず通る．すなわち，式 (8.10) は図 8.15(b) に示す Z_L 平面 ($\hat{R}, \hat{X}$ 平面) から図 8.15(c) に示す Γ_L 平面への写像となる．(c) のグラフをスミスチャートと呼ぶ．スミスチャートの最外円は Γ 平面上の $(0,0)$ を中心とした半径 1 の単位円となる．また，整合終端である $Z_L = Z_0 (\hat{R} = 1, \hat{X} = 0)$ の点は $\Gamma_L = (0,0)$ の点に対応し，整合終端では反射の大きさがゼロであることと一致している．

反射の大きさを周波数を変えながら測定した結果をスミスチャートにプロットすることで，Z_L の様子がわかることになる．図 8.15(d), (e), (f) に終端回路と反射率のスミスチャートでのプロット例を示す．

S パラメータ

伝送線路では右向き進行波 V_f と左向き後進波 V_b が存在することになる．新たに

$$a \equiv V_f/\sqrt{Z_0} = I_f\sqrt{Z_0} \tag{8.17}$$

$$b \equiv V_b/\sqrt{Z_0} = I_b\sqrt{Z_0} \tag{8.18}$$

を定義する．これらの絶対値の 2 乗は

$$|a|^2 = |V_f|^2/Z_0 = |I_f|^2 Z_0 \tag{8.19}$$

$$|b|^2 = |V_b|^2/Z_0 = |I_b|^2 Z_0 \tag{8.20}$$

であり，それぞれ前進波，後進波の電力となる．また，反射係数は

$$\Gamma = \frac{V_b}{V_f} = \frac{b\sqrt{Z_0}}{a\sqrt{Z_0}} = \frac{b}{a} \tag{8.21}$$

である．ちなみに，ある点での電圧は $V = V_f + V_b$ であり，電流は $I = I_f - I_b$ である．

同様に図 8.16 のような 4 端子網を考え，a, b の関係式を

$$\begin{pmatrix} b_1 \\ b_2 \end{pmatrix} = \begin{pmatrix} S_{11} & S_{12} \\ S_{21} & S_{22} \end{pmatrix} \begin{pmatrix} a_1 \\ a_2 \end{pmatrix} \tag{8.22}$$

と表したものを S パラメータと呼ぶ（と言われても，いったい何のこっちゃ？？？と思うのは当然なので，もうちょっと解説してみる）．

式 (8.19), (8.20) から，$|a|^2$ や $|b|^2$ はパワーを表し，a や b は電圧および電流に比例することがわかる．式 (8.21) は $b = \Gamma a$ であることから，式 (8.22) は電圧・電流の反射率および透過率を多端子網に拡張したもの，と考えることができる．すなわち

$$S_{11} = \left.\frac{b_1}{a_1}\right|_{a_2=0} = \left.\frac{V_{b1}}{V_{f1}}\right|_{a_2=0} \tag{8.23}$$

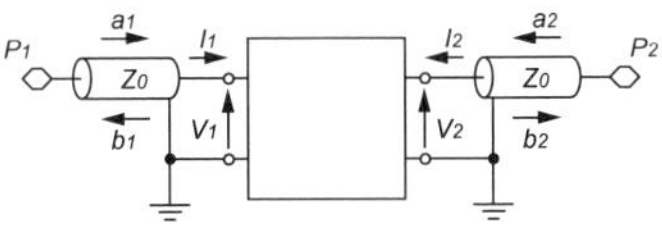

図 **8.16** S パラメータ

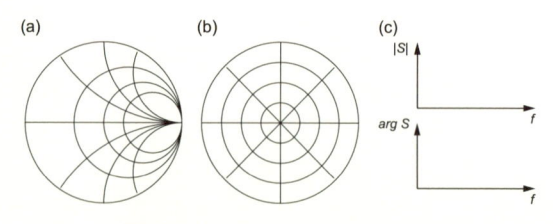

図 8.17 S パラメータのプロット

より，S_{11} はノード P_2 を整合終端（Z_0 のインピーダンスを付加）した場合の 1 番端子の反射率を表す．同様に S_{22} はノード P_1 を整合終端した場合の 2 番端子の反射率を表す．一方，

$$S_{21} = \left.\frac{b_2}{a_1}\right|_{a_2=0} = \left.\frac{V_{b2}}{V_{f1}}\right|_{a_2=0} \tag{8.24}$$

であることから，S_{21} はノード P_2 を整合終端した場合に 1 番端子から 2 番端子への透過率を表す．同様に S_{12} はノード P_1 を整合終端した場合に 2 番端子から 1 番端子への透過率（増幅率）を表している．

このように，反射率，透過率（増幅率）の周波数依存性を測定するのがネットワークアナライザである．一般的に S_{11}, S_{22} は図 8.17(a) のスミスチャートで表し，S_{21}, S_{12} は図 8.17(b) のポーラチャートに表す．どちらも S を複素平面上にプロットしていて下地の模様が違うだけ．用途によっては図 8.17(c) のように絶対値と位相に分割してボーデ線図にプロットすることもある．

L, C, R の回路であれば $S_{11} = S_{22}$, $S_{21} = S_{12}$ であり，$|S_{11}|^2 + |S_{21}|^2 = 1$, $|S_{22}|^2 + |S_{12}|^2 = 1$ となる．当然ながら，トランジスタを含むとその関係は崩れることになるし，S_{21} が 1 より大きくなって単位円からはみだす場合もある．

たとえば，広い周波数範囲にわたってきちんと整合終端が取れているか（$|S_{11}|$ が十分小さいか）測定したり，ある狙った周波数のみ反射率が小さく，増幅率が高くなっているかを測定する際などに使用する．また，インピーダンスの周波数応答がわかるということは Z_L の特性を完全に把握しているということであり，畳み込みなどの数学を使えば時間応答も計算することができる．

キャリブレーション

通常，ネットワークアナライザ本体と測定対称とは離れており，伝送線路を用いて接続する．ネットワークアナライザ自体は，自分のポートから出力した波形と自分のポートに入力される波形のみを測定するため，伝送線路＋測定対

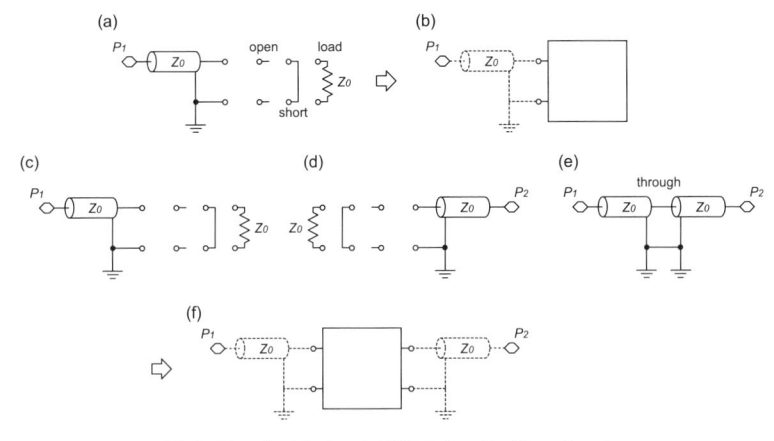

図 **8.18** S パラメータ測定のキャリブレーション

象の S パラメータを測定することになる．伝送線路が理想的な特性を持ち，長さもわかっている場合には，伝送線路+測定対象の測定結果から測定対称の S パラメータのみを計算することができるが，実際の伝送線路には減衰があったり，周波数特性を持っていたりして理想的ではないため，まずは伝送線路のみの特性を測定し，続いて伝送線路+測定対象の特性を測定してから，測定対象のみの S パラメータを計算することになる．これをキャリブレーションと呼ぶ．

1 ポート S_{11} 測定でのキャリブレーションでは，図 8.18(a) に示すように，伝送線路の先にオープン・ショート・ロード（マッチと言う場合もある）をそれぞれ接続しながら反射波を測定し，その後，(b) のように測定対象を接続して S パラメータを測定することで，伝送線路の影響を取り除いた特性を計算する．2 ポート $S_{11}, S_{21}, S_{12}, S_{22}$ 測定でのキャリブレーションでは，(c), (d) に示すようにポート 1 およびポート 2 の伝送線路の先端にそれぞれオープン・ショート・ロードを接続して反射波を測定した後，(e) に示すようにそれぞれの伝送線路を接続（スルー）して反射波および透過波を測定する．その後ようやく (f) に示すように測定対象を接続してポート 1 からポート 1 への反射，ポート 1 からポート 2 への透過，ポート 2 からポート 1 への透過，ポート 2 からポート 2 への反射を測定し，伝送線路の影響を取り除いた $S_{11}, S_{21}, S_{12}, S_{22}$ を計算する．

8.3.3 ロジックアナライザ

通称ロジアナ．飛んでくるデータの ONE/ZERO を判定する．基本的には図

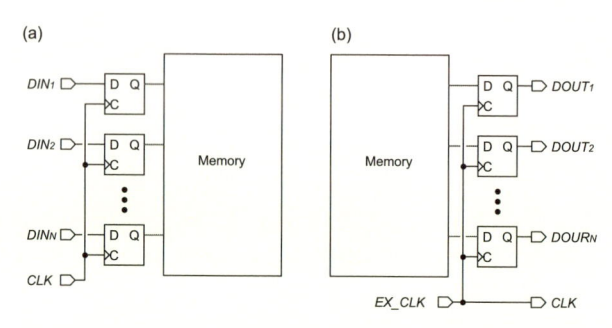

図 8.19 ロジックアナライザとロジックジェネレータ

8.19(a) のような構成になっていて，入力データの ONE/ZERO をメモリに順次書き込み，必要に応じて表示する．実際のロジアナはもうちょっと複雑で，ONE/ZERO の閾値電圧を設定できたり，入力クロックの立ち上がり/立ち下がりエッジでのデータラッチを選択できたりする．通常，16/32/64/128/256 ビット入力など，多ビットの入力が可能である．

ロジックアナライザとセットでロジックジェネレータ機能を持つものもある．図 8.19(b) のようにあらかじめメモリに出力データ列を記憶させておき，クロックに合わせて順次 ONE/ZERO を出力する．こちらも多ビットの出力が可能であり，出力振幅が選択できたりする．クロックを外部から入力してそれに同期してデータを出力するものと，ユーザが周波数を指定して内部でクロックを発生して出力するものとがある．

第9章

測定技術

使うべき測定装置もわかった．よし，じゃあ測定しよう，と思って実際に測定室に足を踏み入れると，見たことのない部品がいっぱいある．どれをどうやって接続すればいいんだろう…

9.1 電源・グランドとリターンパス

9.1.1 グランド

LSI を測定するほとんどの場合では，電流ではなく電圧を測定することになる．その際，その電圧が「どことどこの間の」電圧なのかを常に意識する必要があり，通常は「グランド」に対する電圧を測定することが多い．が，「グランド」と言っても相対的なものであり，たとえば図 9.1 において電源 1 は $V_1 - G_1$ の電圧を保証しているだけで，真のグランドに対する V_1 の電位を保証しているわけではない．したがって，電源 1 のグランド G_1 と電源 2 のグランド G_2 およびオシロスコープのグランド電位を同じにする必要がある．そのためには，電源 1 と電源 2 のグランドを別途接続する．また，なるべく近いところでグランドを接続する方が同一電位になりやすく，可能であればボード上でも電源 1 と電源 2 のグランドをショートさせる．G_1, G_2 をチップ内部で接続する方が V_1, V_2 のグランドに対する電位は安定するが，ノイズ分離の観点で必ずしもすべてのグランドをチップ内部で接続することはできず，アナログ用・デジタル用・IO 用のグランド線をチップ内部では分けることが多い．また，実際にチップを測定する場合にはたくさんの測定装置を使用することになるが，同一電源タップから電源を取ること．タップ毎に供給電圧がずれている場合があり，別タップから電源を取った場合には使用装置のグランド電位を一致させることが困難になることがある．

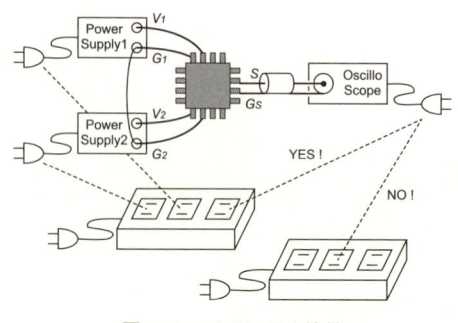

図 9.1　グランドの接続

9.1.2　電源系とデカップリング容量

電源電圧変動は誤動作の原因となるため，なるべく小さく抑える必要がある．電源線は寄生抵抗や寄生インダクタンスによって電源電圧が変動する．抵抗ではIRによる電源電圧降下が発生し，長期的な平均電圧が $V_{DD} - I_{av}R$ と低くなるだけでなく，瞬間的にも $V_{DD} - I(t)R$ のアンダーシュートが発生する．インダクタンスでは長期的な平均電圧は V_{DD} で変わらないが，瞬間的には $L(di/dt)$ によるオーバーシュート・アンダーシュートが発生する．同期式のデジタル回路動作においては，瞬間的（クロック1周期程度期間）でのアンダーシュートによる遅延エラー（セットアップ違反）やオーバーシュートによる遅延エラー（ホールド違反）が起こらないようにする必要がある．そのためには，抵抗およびインダクタンスを小さく抑えるだけでなく，チップに流れる電流変動 (di/dt) を抑える必要があり，容量を付けることが有効である．図9.2(a)-(c) に示すように，容量を付けることで，瞬間的に変化する電流は容量から，定常的に必要となる平均的な電流は抵抗・インダクタンスを通じて流すことで寄生インダクタの影響を避け，瞬間的な電源電圧変動を抑える．この容量をデカップリング容量と呼ぶ．

デカップリング容量は，なるべく回路に近い部分にたくさんつけることが望ましい．チップ内部にオンチップ容量を付加するとチップ面積の増大につながるため，実際にはボード上，パッケージ外の電源ピン直近にオフチップの容量を接続することになる．

オフチップ容量としては電界コンデンサとチップコンデンサとがある．一般的に電界コンデンサの方が大容量である．容量のインピーダンスは $Z = 1/j\omega C$

図 **9.2** デカップリング容量

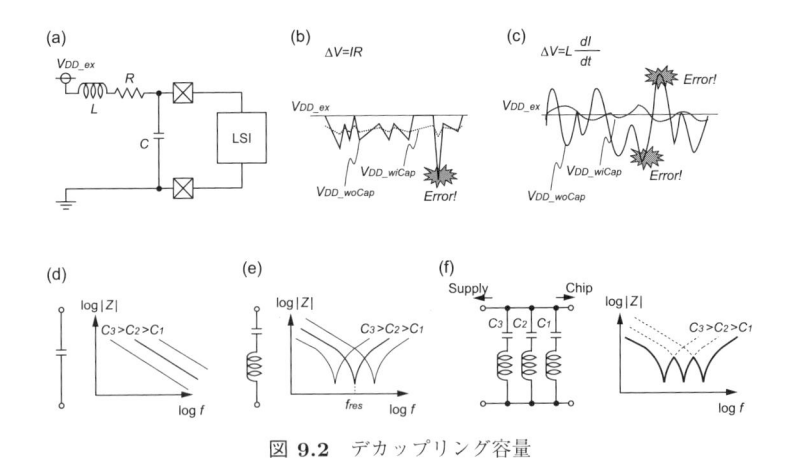

であり，図 9.2(d) に示すような理想的なコンデンサであれば大容量のコンデンサを接続する方がインピーダンスが小さく，電源変動抑制効果は高い．しかし，実際には電界コンデンサにもチップコンデンサにも (e) に示すように端子に寄生インダクタンスが存在し，その共振周波数 $f_{res} = 1/2\pi\sqrt{LC}$ より高い周波数ではインピーダンスが上昇して電源変動抑制効果が小さくなってくる．広い周波数範囲で低インピーダンスを実現するために (f) に示すようにさまざまな値の容量を並列接続し，低周波ノイズは大きい容量で吸収し，高周波ノイズは小さい容量で吸収することで，広い周波数範囲に渡ってノイズを吸収する．また，その際には高周波用の小さい容量をチップの近くに配置するとよい．

9.1.3 リターンパス

電流は必ずループとなって流れる．電源のプラス端子から電流・電荷が流出したら同量の電流・電荷がマイナス端子へと流入する．

たとえばインバータが容量を充放電する場合を考える．図 9.3(a) に示すように，充電のときは電源から電荷 Q が流れ出し，放電のときは (b) のように NMOS から電荷が放電する，と表現しているものをよく見かけるが，これをループ電流という観点から，より詳細に表すと次のようになる．充電時は (c) に示すように電源から Q の電荷が容量の上プレートに供給されるが，その際，容量の下プレートには $-Q$ の電荷がたまる．すなわち，容量の下プレートからグランドに向かって電荷 Q が流れる．全体として見れば電源から容量を通じてグランドに電荷が流れているように見える．容量には直流電流が流れない

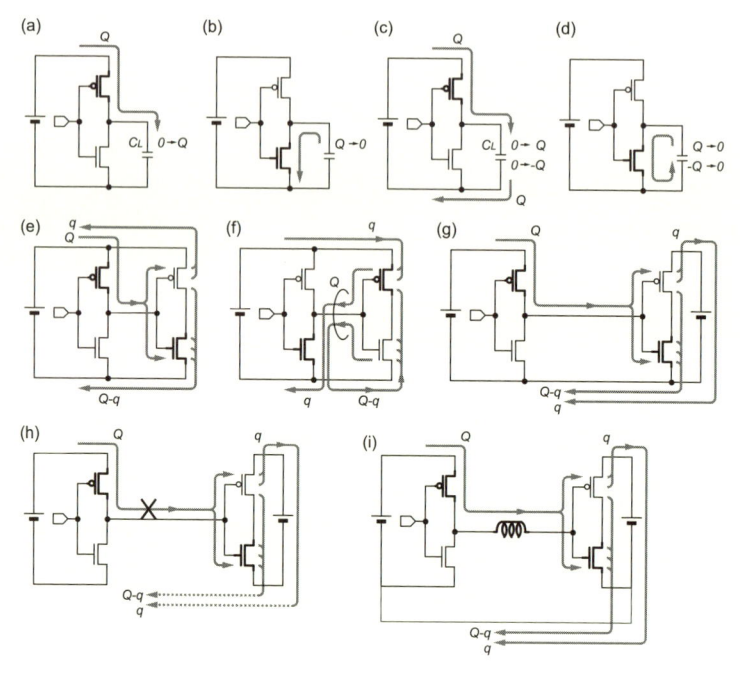

図 **9.3** リターンパス

が，充電が行われる間の交流電流は容量を通じて流れることになる．このときに容量を流れている仮想的な電流を変位電流と呼ぶ（電磁気学で習ったよね，$\text{rot}\boldsymbol{B} = \mu_0 \boldsymbol{i} + \mu_0 \epsilon_0 \frac{\partial \boldsymbol{E}}{\partial t}$）．放電時には (d) に示すように容量の上下のプレートにたまっていた電荷が NMOS を通じて中和される．このとき電源から流れる電荷はゼロであり，当然，グランド端子に流れる電荷もゼロである（MOS ゲートのスイッチングに必要な電荷は無視している）．

インバータが次段のインバータを駆動する際の電荷の移動，ここでは 1 段目の出力電圧（2 段目の入力電圧）が LOW から HIGH に，2 段目の出力電圧が HIGH から LOW に変化する場合，つまり 1 段目の PMOS と 2 段目の NMOS がオンになる場合を (e) に示す．2 段目 PMOS の G-S, G-B, G-D 容量は 1 段目 PMOS から電荷が注入されるが，G-S, G-B 容量の電荷 q は電源へと戻り，G-D の電荷はオンとなった 2 段目 NMOS を通じてグランドへと流れる．2 段目 NMOS の G-S, G-D, G-B 容量は 1 段目 PMOS から電荷が注入され，グランドへと流れる．さて，1 段目の PMOS から Q の電荷が流れても 2 段目の PMOS

から q の電荷が戻ってくるので，電源から流れ出る電荷は $Q-q$ であり，当然ながらグランドに戻る電荷も $Q-q$ となる．逆方向にスイッチングした場合は (f) に示すように，電源から電荷 q が流れ出し，グランドに q が戻ってくる．

ここで，(c) と (e) を見比べてみよう．1 段目の PMOS を流れる電荷はどちらも Q であるが，消費電力は (c) では QV なのに対し (e) では $(Q-q)V$ となる．ただしこれにはカラクリがあって，入力が反転した (d), (e) を比較すると，(d) では C_L の電荷 Q が NMOS を通じて打ち消しあうだけで消費電力がゼロなのに対し，(f) では 2 段目の PMOS を通じて電源から q の電荷が流れ込み qV の消費電力が発生する．そのため，HIGH → LOW → HIGH の往復スイッチングを行った場合の総消費電力は一致する．ついでに言っておくと，1.2.2 項で述べたように，(e) の回路における 2 段目インバータを (c) のようにグランドに対する 1 つの容量として表現しているものを見かけるが，これは単純化した場合の動作であり，実際の動作とは異なるので注意すること．また，トランジスタ容量はバイアス電圧によって刻々と変わっていくことにも注意が必要になる場合がある．

(g) のように 1 段目と 2 段目で別電源を使用する場合には，2 段目の PMOS から押し出された電荷 q は電源へと流れ込み（別電源が供給すべき電荷量が減少する）共通のグランドを通じて戻ってくるため，信号線から Q が流れ，グランドから Q が戻ってくることになる．

さて，電源のプラス端子から LSI に流れた電流・電荷は同量の電流・電荷が LSI から電源のマイナス端子へと流入する．同様に，信号線に流れた電流・電荷も，同量の電流・電荷グランドを伝って戻ってくる．この，電流が戻ってくる経路をリターンパスと呼ぶ．(h) のように共通のグランドを接続しない場合にはリターンパスがないために，1 段目から 2 段目のインバータには電流が流れない．(i) のように別電源がどこか遠いパスでグランドに接続されている場合には，それがリターンパスとなって電流のループができるが，ループの面積が大きいと電流が流れにくく，すなわちループ面積に比例した大きなインダクタンスが信号線に挿入されたように見えて高周波特性が劣化する．インダクタンスを抑えて電流を流れやすくするにはループの面積を小さくする必要があり，電源・グランド線や，信号・グランド線はなるべく接近させて配線するとよい．特に長い信号配線する場合には，グランドのリターンパスが途切れないように注意すること．

9.2 さまざまな部品

9.2.1 コネクタ・ケーブル

　信号を伝達するケーブルと接続部分のコネクタにはさまざまな種類があり，送受信信号の周波数によって使い分ける必要がある．よく用いられている（筆者が普段使用している）コネクタを図 9.4 に示す．これらのコネクタとケーブルの特徴を理解し，適材適所に使用しながら測定を行う．

ヘッダピン

　図 9.4(a) はヘッダピンと呼ばれ，主に低速 (~100 MHz) のデジタル信号の伝送に使用する．16 ビットや 64 ビットなど，複数のデジタル信号伝送に用いられることが多い．ピンの間隔は 2.54 mm と規格で決められている（ミル規格というのがあって，1 [mil] = 0.0254 [mm] と定められている．マイルだのヤードだのインチだの，MKS から離れる単位は使わないでほしいものである）．(e) は，パソコンから USB 経由で命令を送り，ヘッダピンから 16 ビットの信号を出力する「ポケットジェネレータ」と呼ばれる装置である．この場合でも，リターンパスおよび受信側との電圧レベルを合わせるためのグランド線も忘れずに接続すること．この例では 16 ビットの信号に対して 1 本のグランド線が出ている．

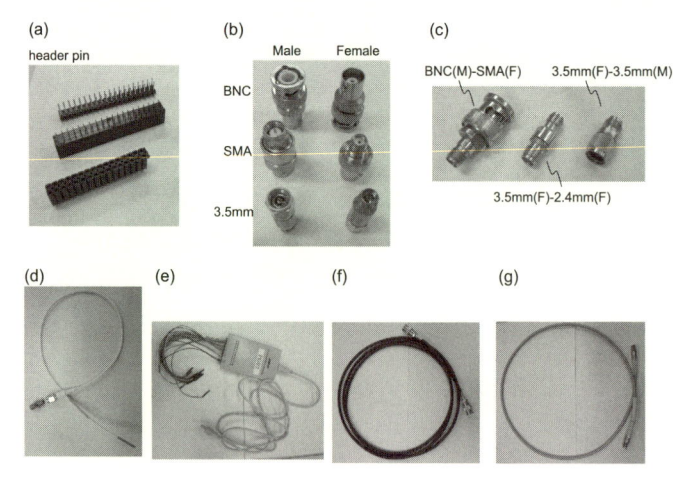

図 9.4　各種コネクタとケーブル

BNC, SMA, 3.5 mm, 2.4 mm

図 9.4(b) はアナログ信号や高速信号を伝送するためのコネクタで，BNC，SMA，3.5 mm，この図には載せていないが，2.4 mm という規格がある．使用可能周波数はおおよそ，ヘッダピン/100 MHz，BNC/1 GHz，SMA/10 GHz，3.5 mm/20 GHz，2.4 mm/50 GHz といったところが目安であろう．(f)，(g) は BNC，SMA のケーブルである．特性インピーダンスは 50 Ω である．ほとんどのケーブルは両端がオスとなっていて，装置側にメスのコネクタがついていることが多い．これらのコネクタは中心が信号線で外側がグランドとなっており，接続先とのグランド電位の共通化とリターンパスの確保を同時に満たすようになっている．

変換コネクタ

図 9.4(c) は変換コネクタである．使用する装置や手持ちのケーブル，各種アクセサリ（後述）など，いろんな事情でコネクタの変換が必要になることがある．SMA と 3.5 mm は変換なしで相互接続が可能であり，SMA-SMA よりも SMA-3.5 mm の方が接続特性も良いとされている．SMA は信号−グランドの間が誘電体で埋まっていて，3.5 mm は空気で絶縁されている．

ケーブルなど

図 9.4(d) はヘッダピンと SMA との変換コネクタである．これは信号とグランドの 2 線が並行して走っており，ヘッダピン側では 2.54 mm 間隔で 2 本のメスコネクタがついている．この例では SMA 側がオスとなっているので，SMA メス−メス変換コネクタを介して SMA ケーブルで信号発生装置と接続することが多い．ヘッダピンなので高速の信号は伝送できない．これらコネクタは，一度にたくさん必要になることがあり，それがネックで測定ができなくなったりもする．

(e) は USB 接続タイプのパルスジェネレータである．多数の低速デジタル信号を出力するため，ヘッダピンが使用されている．

(f) は BNC タイプの伝送ケーブルであり，特性インピーダンスは 50 Ω である．通常，ケーブルの端子はオスであり，装置の端子がメスになる．

(g) は SMA タイプの伝送ケーブルであり，特性インピーダンスは 50 Ω である．通常，ケーブルの端子はオスであり，装置の端子がメスになる．

9.2.2 アクセサリ

測定では，信号を減衰させたり，DC 成分をカットしたり，DC 成分を加えたり，信号を 2 つに分割するなどの操作をしたくなる．それらには図 9.5(a) に示すような専用のアクセサリを使用する．通常，特性インピーダンスは $Z_0 = 50\,\Omega$ である．

アッテネータ

図 9.5(b) はアッテネータの等価回路である．インピーダンス整合を取りながら信号を減衰させる．オシロスコープの入力電圧範囲が 0.5 V なので 2 V 振幅の信号を 1/10 にしてから測定する，などの場合に用いる．左から見たインピーダンスは Z_0 であり，かつ，負荷となる Z_0 にかかる電圧 V_{OUT} が入力電圧 V_{IN} に対して α 倍 (< 1) になるとすると，

$$Z_0 = R_1 + (R_1 + Z_0)//R_2 \tag{9.1}$$

$$\frac{V_{OUT}}{V_{IN}} = \frac{R_2//(R_0 + Z0)}{R_1 + R_2//(R_1 + Z_0)} \cdot \frac{Z_0}{R_1 + Z_0} \tag{9.2}$$

より，

$$R_1 = \frac{1-\alpha}{1+\alpha} Z_0 \tag{9.3}$$

$$R_2 = \frac{2\alpha}{1-\alpha^2} Z_0 \tag{9.4}$$

とすればよい．$-6\,\text{dB} \to \alpha = 1/2$, $-20\,\text{dB} \to \alpha = 1/10$ である．

ブロッキングキャパシタ

図 9.5(c) はブロッキングキャパシタの等価回路であり，信号の DC 成分をカットして AC 成分のみを通過させる．大きなキャパシタは高速 AC 成分にとってはショートに見える ($Z_C = 1/j\omega C$)．アンプ出力のバイアス点を変化させずに $50\,\Omega$ to G_{ND} に終端されたオシロスコープで観測する際などに用いる．理想的には容量が大きいほど低周波の信号も伝達することが可能であるが，大容量素子は高周波特性が悪く，3.5 mm ($\sim$20 GHz) の高周波帯域を伝達させようとすると，伝達可能な周波数の下限は 50 MHz 程度となっている．

図 9.5　アクセサリ

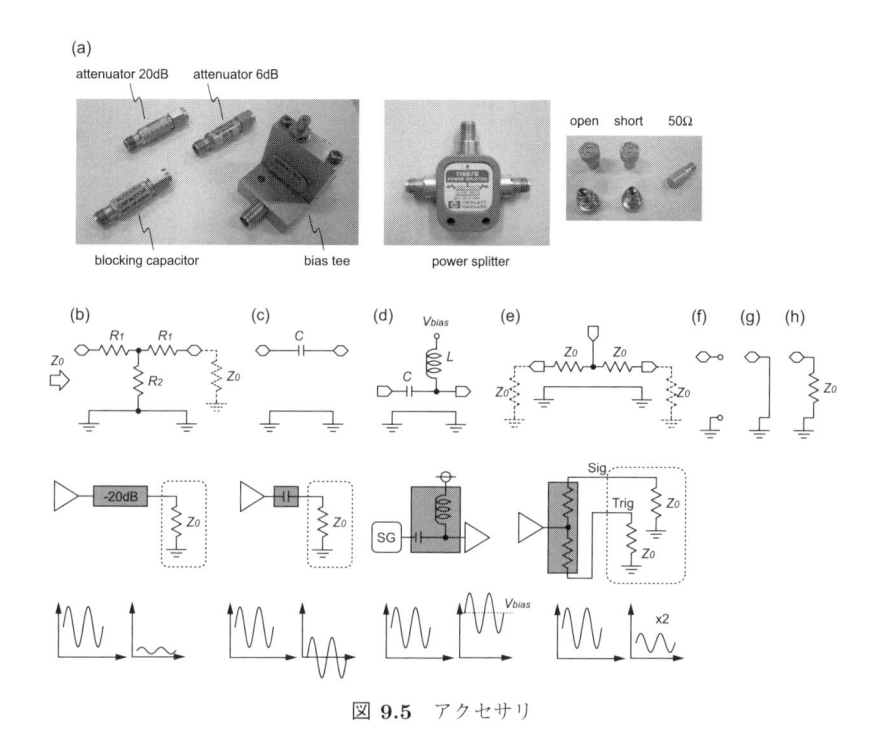

バイアスティー

図 9.5(d) はバイアスティーの等価回路である．入力信号の AC 成分に DC 成分を足し込んで出力する．シグナルジェネレータの信号に $V_{DD}/2$ バイアスを与える際などに用いる．入力信号の AC 成分は C を通過し DC 成分はカットされる．L を十分大きく取れば通過した AC 成分は L の影響を受けずに出力へと伝達され，外部から与えた DC 電圧がオフセットとして加わることになる．

パワースプリッタ

図 9.5(e) はパワースプリッタの等価回路である．インピーダンス整合を取りながら信号を 2 分割する．それぞれの出力端子が Z_0 で終端されると，入力から見たインピーダンスは $2Z_0//2Z_0 = Z_0$ となり，インピーダンス整合は取れていて反射は起こらない．ただし，出力電圧は半分になる．CLK 信号出力をサンプリングオシロで観測するときに，一方をシグナル，一方をトリガとして使用する際などに用いる．

終端

図 9.5(f), (g), (h) はケーブル端をオープン，ショート，50Ω で終端したいときに用いる．ネットワークアナライザのキャリブレーション用や，回路は 3 端子出力なのにオシロスコープ入力が 2 端子しかなく，3 端子目をオープンにしておくと特性が変わってしまう，などのときに 50Ω 終端を用いる．

9.2.3 プローブ

チップを QFP パッケージに実装してしまうと，ボンディングワイヤやリードフレームの寄生インダクタンスの影響で，GHz を超える高速信号を入出力できない．実験室レベルでは図 9.6 に示すように，ウェハに直接針を当てて測定することがある．

高速信号用プローバ

図 9.6(a) は高速信号用のプローバである．3.5 mm のコネクタが付いており，針の先端まで特性インピーダンス 50Ω で製造されている．この写真では信号は 2 本であるが，それぞれの信号が G_{ND} でシールドされており，針自体は 5 本あって GSGSG の順で並んでいる．チップ側でもそのような PAD 配置とする必要がある．また，50Ω 終端抵抗を先端部に接続できないので，50Ω 終端抵抗を内蔵した入力バッファを用いる必要がある．

低速信号および電源用プローバ

図 9.6(b) は低速信号用および電源用のプローバである．ヘッダピンを通じて針の先端に信号および電源・グランドを与える．針の途中で 2 端子間に数 pF の容量が付いているものもあり，そのピンは電源供給用に用いることになる．

パッドピッチとピン数および針当て調整アイテム

プローブを作る（注文する）際には，プローブの針と針との間隔を指定するこ

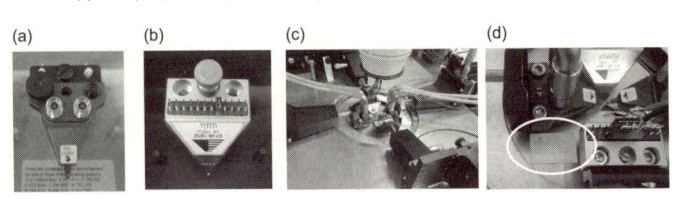

図 9.6 プローバ

とができる．もちろん針の本数も指定できる．針当てで測定するような回路では，トランジスタ数は微量であってチップ面積のほとんどをパッドで占めてしまって中身がスカスカのレイアウトとなることが多い．プロセスの微細化の進展でチップ面積当たりのコストが高くなると，なるべくパッドを小さく，パッド間隔を狭くすることで，なるべく小面積に抑えたくなる．以前のパッド間隔（針と針の間隔）は 150 μm, 100 μm であったが，近年では 60 μm も出てきた．測定では図 9.6(c) のようにして顕微鏡を見ながら針をパッドに当てるが，このとき測定に手先の器用さが求められるようになってくる．60 μm ピッチのパッドは針当て作業がなかなか難しい．このとき，針を当てる際にプローブ自体の水平性が崩れていると，左側の針はパッドに当たるが右側の針はパッドから浮いて接続されない，ということが起こる．(d) のような針当て調整アイテムでプローブの水平出しをしてから実際に針をパッドに当てることになる．

9.2.4 実装部品

チップをパッケージングしてボード上に実装する場合には，図 9.7 に示すようなさまざまな実装部品を搭載して，信号の入出力や，電源電圧の安定化をはかる．以下に筆者がよく使用するものを紹介するが，実装部品は本当にさまざまなものがあるので，必要に応じて秋葉原を探索したり，専用の Web ページなどで欲しいものを探してみるとよい．

電界コンデンサ

図 9.7(a) に電界コンデンサを示す．数 μF から数 mF の容量を持つ．寄生インピーダンスの影響で高周波特性は悪い．端子はプラス側とマイナス側が決まっている．足の長い方をプラスに接続する．プラスとマイナスの接続を間違えると「パーン」と破裂することがある（筆者経験済）．

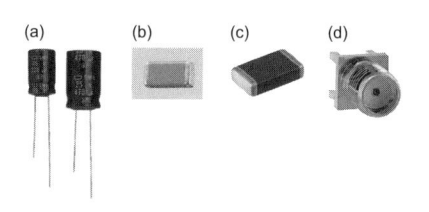

図 **9.7** 実装部品

チップコンデンサ

図 9.7(b) にチップコンデンサを示す．数 pF から数百 nF の容量を持つ．大きさにも数種類の規格があり，小さい方が基板の小型化に向いているが取扱いが難しくなる．実験室で使用するには，あまり小さすぎるとピンセットでの作業にも支障がでるため，最長辺が 1.5 mm 程度のものを使用したい．寄生インピーダンスは低く，電界コンデンサよりも周波数特性は良い．それでも図 9.2 に示すような周波数特性を持つ．容量の値の表示が独特であり，「101」や「104」などと書いてある．これは $10 \times 10^1 \,[\mathrm{pF}] = 100\,[\mathrm{pF}]$, $10 \times 10^4\,[\mathrm{pF}] = 100\,[\mathrm{nF}]$ という意味になる．

チップ抵抗

図 9.7(c) にチップ抵抗を示す．特に終端抵抗を内蔵していない高速入力バッファのピンに 50Ω の終端チップ抵抗を使うことがある．抵抗値の表示は「501」であれば $50 \times 10^1\,[\Omega]$ という意味になる．

表面実装用 SMA コネクタ

図 9.7(d) に高速信号をボード上に供給するために表面実装用 SMA コネクタを示す．金メッキしてあるものはハンダ付けがやりやすい．

9.2.5 シールドルーム

空間中には携帯電話や無線 LAN 用を代表にさまざまな電磁波が飛んでいて，その影響でチップ内部の信号にノイズが生じることがある．設計者としては，電波が飛んで来ても問題無く動作する回路にするのが大事なのだが，繊細な測定をする場合には外部からのノイズを遮断し，回路内部の影響と回路外部からの影響を切り分けたくなる場合がある．シールドルームは金属で囲まれた空間であり，外部からの電磁波を遮断する．図 9.8(a) のように中に人が入って作業できるほどの大きさのモノもあれば，(b) のように，測定系のみが入るようなモノもある．立派なものがなければ，段ボール箱を市販のアルミホイルでくるんでも十分にシールドされる．その場合，アルミホイル自体が導電性なので，ヘンな信号同士がショートしないように注意すること．いずれの場合でも，自分の携帯電話を中に入れてシールドし，友人の電話を借りて自分に電話してみると良い．「電波が届きません」と言われたら OK である．ちなみに筆者の実験では，(a) とアルミホイルでは携帯はつながらなかったが，(b) のシールドボッ

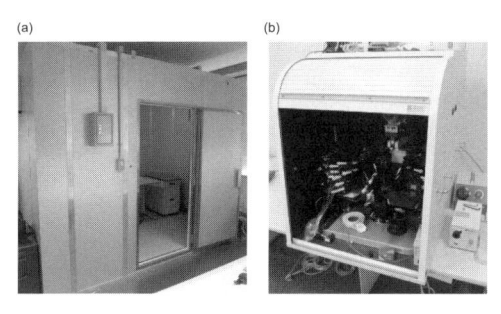

図 **9.8** シールドルーム

クスでは中に置いた携帯が鳴っていた...

9.3 実装例

筆者が測定用に試作したボードのいくつかを図 9.9 に示す．どれもピンセットとハンダこてを使って格闘した戦果である．最初にハンダを多めに付けて，後からハンダ吸取線で余分なものを吸い取ると美しく仕上がる．

図 9.9(a) は基板ノイズを測定したときのボードである．ガラエポの上に数十 μm の銅膜が貼ってあるボードを，描画ドリルを用いて必要なパターンに削り，チップを銅版に直接ハンダ付けしている．表面の銅版のほとんどをグランドとして用いている．電源系 Vdd_** は電圧源装置からボードまで電源・グランドをセットにしてリード線で供給している．電源ピン側に電源用の「島」を形成し，その島に電源線をハンダ付けし，島の外側にグランド線をハンダ付けしている．広い周波数に渡ってノイズを除去するために，島と外海の間に数種類のチップ容量を並列接続している（図 9.2(f) 参照）．高速デジタル信号および高速アナログ信号は 50Ω 系の SMA コネクタを用いて取り出し，入力インピーダンス 50Ω のオシロスコープなどに接続する．出力バッファはそのつもりで設計している．ここでは，SMA コネクタからピンの間も特性インピーダンス 50Ω の細い伝送線路を用いており，パッケージピンの直近で芯と皮膜とを分離して芯のみをピンに，皮膜を基板グランドにハンダ付けしている．また，測定をサンプリングオシロスコープで行うため，トリガ用の CLK/32 信号も内部で発生させている．

図 9.9(b) も (a) とほぼ同様であるが，$allORHalf$ 信号出力が数 MHz の低速

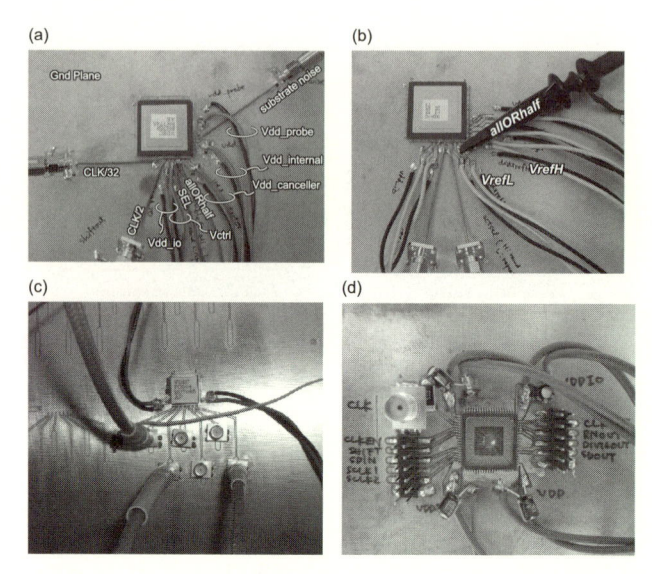

図 9.9 実装例

デジタル信号であったため，ピンに針金を立てて，オシロスコープのプローブの先端を引っかけて信号を観測している．出力バッファは低速用の CMOS インバータを用いており，オシロスコープの入力インピーダンスは 50Ω ではなく 1 MΩ としている．

図 9.9(c) では，表面実装用 SMA コネクタを用いて数百 MHz のデジタル信号を入出力している．信号は繊細ではなかったため，SMA コネクタからボードまでは特性インピーダンスはあまり気にせずにパターンを描いている．入力バッファには 50Ω 終端抵抗が内蔵されており，シグナルジェネレータと $V_{DD}/2$ のバイアス電圧を加えるためのバイアスティーを用いて CLK 信号を入力している．

図 9.9(d) では，ロジックアナライザから多数の低速デジタル信号を入出力する必要があったため，ヘッダピンを用いて 50Ω 終端抵抗無しの入力バッファに信号入力し，チップからの出力もヘッダピンからロジアナの入力へと接続される．外部 CLK のみは，50Ω 系の SMA を用いて 50Ω 終端抵抗付きの入力バッファへとバイアスティーを経由してシグナルジェネレータから入力している．

図 9.6(c), (d) では，プローブを用いて針当て測定している．高速信号は GSGSG の高速プローブを用い，電源などは低速用プローブから供給している．(d) の

右下では，プローブのヘッダピンの上に延長用の孫ヘッダピンを搭載し，電源とグランドの間に電界コンデンサによるデカップリング容量をハンダ付けしている．

共通の注意事項として，電源線は常にグランドとセットにして供給し，信号線もグランドとセットに接続することで，リターンパスと共通グランド電位を確保している．

9.4　GPIB と測定自動化と C プログラミング

チップを測定する場合には，まずは電源や信号発生器などの測定機器とチップを接続して，たとえばオシロスコープで波形を見る．ほとんどの場合，電圧や CLK 周波数やさまざまな動作モードをスイープさせながら，波形の変化やスペクトルの変化などを測定することになる．たとえば 5 段と 7 段のモード切り替えができるリングオシレータの電源電圧依存性を測定する場合を考える．電源電圧を 0.5 V にして波形を見て，マーカーを操作して発振周期をノートにメモし，0.6 V, 0.7 V, ..., 2.5 V まで 20 回繰り返し，それを 5 段と 7 段で行い，実験室から部屋に帰ってエクセルにデータを入力してグラフを書いてみるが，これではきれいな曲線は得られないハズである．絶対にどこかで間違う．さらに，朝と夜とで測定結果が微妙に異なることに気づいたキミはもう一度測定しようと思うが，メンドウでやってられない．

測定する場合は自動化を考えるべきである．ほとんどの測定器は背中に GPIB ポートを持っており，USB-GPIB 変換ケーブルを通じて PC から C プログラムによって制御できる．最近の測定器は GPIB ではなく USB ポートを持つ機器も多い．それらの通信ポートを通じて，電圧源の電圧を指定して電流値を読んだり，オシロスコープの波形を時間–電圧の数値データとして取り出すことができ，そのデータから発振周波数を抽出するプログラムなども自分で書くことができる．「測定する ≒ プログラムを書く」くらいの意識で測定を行い，実験室にいる間の 7 割の時間はディスプレイに向かって制御プログラムを書いているくらいがちょうどよい．

図 9.10(a) が変換ケーブル，(b), (c) は電源装置の表と裏であり，背面には GPIB ポートがある．(d) は実際の測定系の例である．これは図 9.9(d) のチップを測定している様子であり，電源・ロジックアナライザ・オシロスコープ・

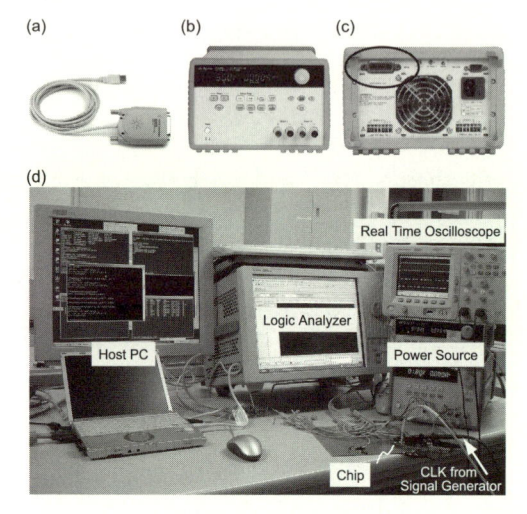

図 9.10 GPIB 制御

シグナルジェネレータはすべて GPIB で接続されている．シグナルジェネレータから CLK を入力し，ロジックアナライザから指定の信号を入力すると同時に出力信号を測定し，その結果を PC に送り，オシロスコープの波形も PC に送り，測定結果を解析してからそれに応じた信号をロジックアナライザから出力する，という測定を，いくつかの電源電圧で発振周波数をスイープさせながら行うように C++ プログラムを書いた．

　最近では測定器を買えば，C++ プログラムから装置を制御するための C++ 用ライブラリの入った CD がもれなくついてくるし，測定器に送るべきコマンド一覧は測定器マニュアルの Programmer's Guide を参照することになる．C++ プログラム自体は，それなりの教科書で勉強してほしい．ただし必ずしも C++ である必要はなく，C でも制御プログラムは十分に書ける．以下は，電源電圧をセットし，その時点での電流値を読むためのプログラムである．他の用途に使うときに便利なように C++ の機能である class を使っているためにプログラムの記述量は増えているが，電圧をセットして電流を読むだけであれば C では数行で書ける．

```
#include "sicl.h"
using namespace std;
```

```
#define VSOURCE_ADDRESS "gpib0,1"
const int VIOPORTNO = 1;

// -------------- class definition --------------
class Device_t
{
  public:
    Device_t(char* address);
    virtual ~Device_t(void);

  protected:
    INST _DeviceId(void);

  private:
    INST _deviceId;
};

class Vsource_t : public Device_t
{
  public:
    Vsource_t(char* address);
    virtual ~Vsource_t(void);

    void SetVolt(int channelNo, double volt);
    double GetVolt(int channelNo);
    double GetCurrent(int channelNo);

  private:
};


// -------------- method for Device_t --------------
```

```
Device_t::Device_t(char* address)
{
  _deviceId = iopen(address);
  if (_deviceId == 0)
    {
      cout << "The device " << address << " is not found." << endl;
      exit(1);
    }
}


Device_t::~Device_t(void)
{
  iclose(_deviceId);
}



// -------------- method for Vsource_t --------------
void Vsource_t::SetVolt(int channelNo, double volt)
{
  char command[MAXLINELENGTH];
  sprintf(command, "INST:SEL OUT%d\n", channelNo);
  iprintf(_DeviceId(), command);
  iprintf(_DeviceId(), "VOLTage %lf\n", volt);
}


double Vsource_t::GetCurrent(int channelNo)
{
  char command[MAXLINELENGTH];
  sprintf(command, "INST:SEL OUT%d\n", channelNo);
  iprintf(_DeviceId(), command);

  double current;
```

```
  ipromptf(_DeviceId(), "MEASure:CURRent?\n", "%lf", &current);

  return current;
}


// -------------- main --------------
int main(int argc, char* argv[])
{
  Vsource_t vsource(VSOURCE_ADDRESS);

  vsource.SetVolt(VIOPORTNO, 1.2);
  double current = vsource.GetCurrent(VIOPORTNO);
  cout << "current= " << current << endl;

  return 0;
}
```

第10章
設計の全体フロー

　ここまで読んできたキミは，各設計フェーズにおける必要な知識を得ているハズである．ここでは，設計するための全体のフローについてまとめる．

10.1　設計を始める前に

10.1.1　何を，何のために作るか
　スパコンに使う大規模 CPU を設計するのと，CAD ツールに慣れるために5段のリングオシレータを設計する場合では，考慮すべき項目はまったく違う．最終製品として月産 100 万個作る場合の設計と，学会発表を念頭に設計する場合とでも，やはり設計項目の優先順位が変わってくる．
　初心者のうちは先生や上司から「○○を設計しろ」と言われて（仕方なく？）回路を設計することになる．だんだん設計に慣れてくると「○○を設計させてください」と言えるようになるし，「来月締切のシャトルでなんでもいいから何か作れ」なんていう理不尽な命令を受けることもある．CAD の使いかたを含めた設計フローを一通りマスターすると，結局のところ「何を作るか」を考えるところが最も知恵と知識が必要なフェーズということになり，それが実感できれば一人前．
　同様に大切なのは「何のために」設計するかを把握しておくことである．ここでは「世界平和のため」とか「車の自動運転制御に使うため」といった意味ではなく，以下のような分類を考えておく．

1. 最終製品にするため
2. 最終製品前のサンプル品 (Engineering Sample)
3. 製品開発に進むかどうかの見極めをするため
4. トップデータを出して学会発表するため

5. 新機能を実証して特許取得および学会発表するため
6. 新人君のトレーニングのため
7. 回路動作の理解のために設計だけ行い，製造しない

上記の「1. 最終製品にするため」や「2. 最終製品前のサンプル品」では，測定も大がかりとなって，ATPG だの at speed だのスキャンがどうした，3σ がどうした... など，細かいスペックが決められていて，それだけで本が何冊も書けてしまうほどの実にさまざまなテスト手法があり，テストの専門家と相談しながら仕様を決める必要がある．ここでは実験室レベルで話が完結する 3., 4., 5. あたりを念頭に話を進めることにする．

10.1.2 最終イメージの決定

仕様
1. 電源電圧は？
2. 周波数は？
3. 消費電力は？
4. アナログ的項目は？
5. PVT 変動はどこまで考慮する？ 作ってみて出たとこ勝負？

低消費電力チップであれば電源電圧をなるべく下げて消費電力が小さくなるように設計を考慮するし，高速用チップであれば電源電圧はプロセスで決まる定格電圧として消費電力はとりあえず気にしない，アナログ的項目としては A/D, D/A であれば INL, DNL が最重要だし，PLL であればジッタ特性が重要など，それぞれの回路固有の特性を考慮する．目的が「トップデータ」であったり「新機能の実証」であれば，動作周波数はだいたい○○ GHz になる予定だが，PVT 変動もあるし，とにかく作って測定してみて結果は出たとこ勝負，などということもありうる．

使用プロセスと設計締切
1. 性能と価格に応じてプロセスを決定
2. 設計可能な最短スケジュールに合ったもの
3. シャトルスケジュールに合わせて
4. 学会締切・卒論締切に合わせて

5. 突然，上から降ってくる
   6. CAD 設定ファイル

回路スペックと使用プロセス，設計締切はお互いに強く関係し合っているので，上記の事情を考慮しながら自分にとって最適な解を探すことになる．

測定環境
   1. パッケージに入れて測定するのか，ウェハ針当てで測定するのか
   2. パッケージに入れて測定する場合，ボードはどうする？ 既存のボードを使いまわせるのか，新規に作成するのか
   3. どの測定装置を使って測定するのか？ オシロ？ スペアナ？

作ろうとする回路スペックによっては，そんな高速信号を測定できる装置を持っていない，とか，そもそも測定装置が存在しない，などの可能性がある．装置が手元にない場合には，装置を購入するなり借りてくるなりする必要があるし，そうでなければ，手持ちの測定器で測定できるような測定用回路を考え，設計し，回路内に埋め込むことになる．ボードを新規に起こす場合は，ボード設計スケジュールなども考えなければならない．

10.1.3　CAD の決定

　設計すべき回路の大枠が決まったところで，続いてどの CAD を使って設計するかを決める．同じ機能であっても各社がそれぞれ独自の CAD ツールを販売している．自分の使い慣れたツールを使うのが一番なのだが，それらの設定ファイルが提供されているかどうかで，ツールを使えるかどうかが決まってしまう．自分の使い慣れないツールの設定ファイルしか提供されない場合には，新しいツールに慣れるしかない．ただ使うだけであればすぐに使えるようになるが，エラーメッセージに対するトラブルシューティングができるようになるには試行錯誤の期間がどうしても必要になる．

　以下に CAD の種類毎に必要な設定ファイルを挙げる．代表的な例であり，ツールによっては設定ファイルが 1 つにまとまっている場合もあるし，別の設定ファイルが必要になる場合もある．また，なかには自分で作れるファイルもあるし，必要に応じて提供ファイルを自分用にカスタマイズして使用する．ただしカスタマイズする場合は，グループ内部での整合性や最終データに矛盾が生じないように十分注意する必要がある．また，ツール間でデータをやりとり

する際には，大文字・小文字問題に代表されるように，データの整合性に注意する必要がある．特に最終 GDS データをマージする際にはセル名のバッティングと，その場合のセル名の変更に関して細心の注意を払うこと．場合によっては自分で何らかのスクリプトを書く必要があるかもしれない．

たとえば筆者の場合，回路図エディタから SPICE ネットリストを生成し，SPICE ネットリストに AD/AS/PD/PS を加える自作のスクリプトを適用してから SPICE シミュレーションを実行しているし，セル名を指定して GDS ファイルを出力して LVS と DRC をかけるようなスクリプトを作成し，コマンドラインから容易に LVS/DRC を実行できるようにしている．

回路図エディタ	・トランジスタシンボルなどの基本ライブラリ
	・表示の色設定ファイル
	・ショートカット設定ファイル
	・回路図エディタからシミュレータを呼ぶための設定ファイル
	・レイアウトエディタとの相互参照するための設定ファイル
SPICE シミュレータ	・SPICE パラメータファイル
	・SPICE シミュレーション結果を回路図エディタからクロスプロービングするためのオプション
レイアウトエディタ	・表示の色・模様の設定ファイル
	・マスクレイヤ（GDSII レイヤ）とエディタでのレイヤとの対応ファイル
	・ショートカット設定ファイル
	・回路図エディタとの相互参照するための設定ファイル
	・LVS/DRC 等のエラーを表示するための設定ファイル
LVS/DRC/ERC/Antenna	・LVS ルールファイル

配線 RC 抽出
- DRC ルールファイル
- ERC ルールファイル
- アンテナチェック用ルールファイル
- ダミーメタル生成ルールファイルと密度チェック用ルールファイル
- LVS ルールファイル
- 配線の断面構造設定ファイル，もしくは，参照テーブル
- オプション設定ファイル

10.2 トランジスタ特性の確認

使用するプロセスが決まり，ルールファイル一式を入手したら，まずはトランジスタ特性を確認する．

10.2.1 SPICE パラメータ

なにはともあれ SPICE パラメータである．SPICE パラメータファイルを捜し出し，中身を見てみる．

```
.MODEL NLP NMOS
+ LEVEL = 53
+ VERSION = 3.2
+ TOX = 10e-9
+ ....


.MODEL NHP NMOS
+ LEVEL = 53
+ VERSION = 3.2
+ TOX = 9e-9
+ ....
```

たとえば上記の例では，NMOS では `NLP` と `NHP` という 2 種類のモデル名を使用することができて，名前から判断するに Low Power と High Performance だろう．今回の設計では消費電力よりも動作速度を重視するから Low Power ではなく High Performance の `NHP` を使おう，などと考える．さらに，`LEVEL=53` から BSIM3 モデルを使っていることがわかり，**HDIF** が使えて，ゲート抵抗やゲートリークは考慮されていないことに注意する．LEVEL とモデルの対応や各パラメータ値の意味などは，専用のマニュアルがあって，ツールをインストールした際に一緒にコピーされているハズである．たとえば HSPICE の例では `$INST_DIR/hspice/docs_help/hspice_mosmod.pdf` に詳細な説明がある．

また，SPICE パラメータファイルの中，もしくは近くの場所にライブラリ記述した .LIB という記述を含んだファイルがあるハズである．

```
.LIB NT
.PARAM tox = 10e-9
.ENDL


.LIB NS
.PARAM tox = 11e-9
.ENDL


.LIB NF
.PARAM tox =  9e-9
.ENDL
```

この例では，NMOS では `NT`，`NS`，`NF` の 3 種類のばらつき用ライブラリがあって，名前から判断するに Typical, Slow, Fast であろう．設計では `NT` を使用し，必要に応じて `NS`，`NF` を試してみよう，と判断する．

10.2.2 DC 特性，インバータ遅延

NMOS, PMOS それぞれに I_D–V_D カーブを書いてみる．いろんなプロセスとの比較のためにも，L は最小幅，$W = 1\,\mu\text{m}$，V_D は 0 から V_{DD} まで 0.01 V ステップ，V_G は 0 から V_{DD} まで 0.1 V ステップでシミュレーションし，図 10.1 のグラフをいつでも見えるところに貼っておく．設計中は，随時そのグラフを見ながら設計する．また，いつも同じフォーマットでこのグラフを作っておく

図 10.1 DC 特性

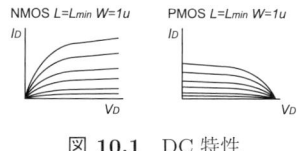

と，今後さまざまなプロセスで設計する際に，各プロセスのおおよその実力を比較できて便利．

```
.OPTION POST=2 POST_VERSION=2001
.param mvdd = 1.8


.DC VD 0 mvdd 0.01 VG 0 mvdd 0.1


VD  D  0 DC mvdd
VG  G  0 DC mvdd
VS  S  0 DC 0
VB  B  0 DC 0
m1 d g s b NHP L=0.18u W=1u


.include "../rules/vdec1.par"
.lib "../rules/vdec1.lib" NT
.lib "../rules/vdec1.lib" PT

.end
```

続いて基本ゲートのトランジスタサイズを決める．もちろん，いろんな場面でいろんな大きさのトランジスタサイズを使用することになるが，最も基本的なサイズのインバータを設計する．NMOS の W_n は L_{min} の 5～10 倍くらいが目安となる．低消費電力を目指すならば小さく，高速動作を目指すならば大きくする．$0.18\,\mu m$ プロセスであれば，高速動作向けの場合は切りの良いところで $2\,\mu m$ 程度．PMOS の W_p は，NMOS とのバランスで決める．NMOS と PMOS のドレイン電流が同じになるように (図 10.2(a))，インバータの論理閾値が $V_{DD}/2$ になるように (図 10.2(b))，L→H, H→L の遅延 ($V_{DD}/2 \to V_{DD}/2$) が同じになるように (図 10.2(b)) 決める．すべてが一致する W_p は存在しない

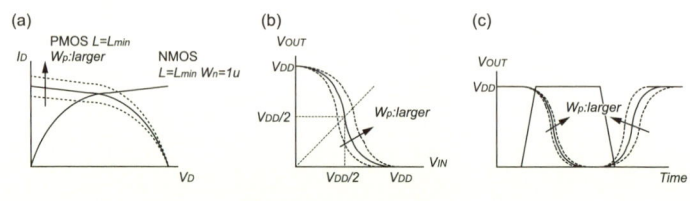

図 10.2 W_p の決め方

が，(a)–(c) を総合的に判断し，かつ，切りの良い数値として決めることになる．ついでに，インバータ遅延がどの程度かも確認しておく．

さらに，おおよその容量値も見ておくとよい．SPICE パラメータファイルから TOX, CJ, CJSW, CJGATE, PB, PBSW, PHP, MJ, MJSW, MJGATE, HDIF の値を捜し出し，

$$C_{ox} = \epsilon_r \epsilon_0 L_{min} \times 10^{-6}/\mathbf{TOX} \tag{10.1}$$

$$C_{j0} = \mathbf{CJ} \times \mathbf{HDIF} \times 2 \times 10^{-6} \tag{10.2}$$

$$C_{jsw0} = \mathbf{CJSW} \times 10^{-6} \tag{10.3}$$

$$C_{jgate0} = \mathbf{CJGATE} \times 10^{-6} \tag{10.4}$$

$$C_{total0} = C_{ox} + C_{j0} + C_{jsw0} + C_{jgate0} \tag{10.5}$$

および

$$C_{jV_{DD}} = C_{j0} \times (1 + V_{DD}/\mathbf{PB})^{-\mathbf{MJ}} \tag{10.6}$$

$$C_{jswV_{DD}} = C_{jsw0} \times (1 + V_{DD}/\mathbf{PBSW})^{-\mathbf{MJSW}} \tag{10.7}$$

$$C_{jgateV_{DD}} = C_{jgate0} \times (1 + V_{DD}/\mathbf{PHP})^{-\mathbf{MJGATE}} \tag{10.8}$$

$$C_{totalV_{DD}} = C_{ox} + C_{jV_{DD}} + C_{jswV_{DD}} + C_{jgateV_{DD}} \tag{10.9}$$

くらいを電卓で計算しておき，逆バイアス時およびゼロバイアス時の $W=1\,\mu\mathrm{m}$ あたりのおおよその容量値を把握しておく（図 1.9 参照）．ちなみに単位は CJ は $[\mathrm{F/m^2}]$，CJSW, CJGATE は $[\mathrm{F/m}]$ である．また，CJGATE が定義されていない場合は CJSW と同じ値として扱われる．

10.3 一通りのフローを確認

10.3.1 回路図エディタ

適切なマニュアルを見ながら，インバータの回路図を書いて，入出力ピンを付ける．電源・グランドも端子を出すこと．

SPICE シミュレーション用の入力ファイルを作成し，回路図エディタからネットリストを出力し，SPICE シミュレータを走らせ，図 10.3 に示すようにシミュレーション波形を回路図上からクロスプロービングできるように設定する．インバータをシンボル化し，シンボルを 5 段並べた回路を設計し，シミュレーションして波形を見る．階層設計ができること，およびインバータ遅延の値を確認する．

10.3.2 インバータのレイアウトと LVS, DRC

レイアウトの専門家にレイアウトをお願いできる幸福な立場の人はともかく，自分でレイアウトを書く場合には，回路の詳細を組み上げる前に簡単なレイアウトをやっておく．

図 3.12 に示すようなルールが詳細に書かれているデザインルールマニュアルを入手し，さっと目を通す．その後まずは最小グリッド（図 3.13）を確認する．

レイアウトエディタに必要な設定ファイルを適切に設定してから（実用上，こういうステップが結構ネックになったりする），レイアウトエディタを立ち上げる．レイアウトエディタで最小グリッドを設定する（設定ファイルにレイヤ毎に記入できる場合もある）．

レイアウトマニュアルとにらめっこしながらレイアウトエディタの ruler 機能

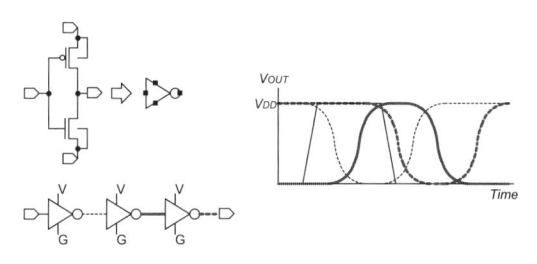

図 10.3 回路図エディタと波形ビューア

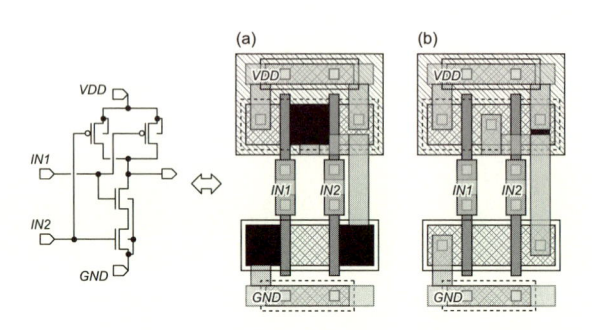

図 10.4 クロスハイライト：(a) LVS エラー，(b) DRC エラー．

を使い，回路図を手元に見ながら図 3.25 に示した階層構造を意識してインバータのレイアウトを書く．このとき，Active Area や METAL1 などのレイアウトエディタで定義されたレイヤを使用すること．また，図 3.17 に示すように，自動生成レイヤを確認して必要最低限のレイヤのみでレイアウトすること．くわえて，図 3.24 に示したように，配線は各層ごとに信号・電源・グランドのレイヤを分けることを強くオススメする．与えられた設定ファイルで区別されていない場合は，設定ファイルの該当個所を捜し出して変更してでもレイヤ分割したい．設定ファイルを書き換えるのはメンドウではあるが，その後のレイアウト効率とデバックの容易さを考えると，それにかけるくらいの労力と時間はすぐに取り戻せる．

　レイアウトが終わったら GDSII ファイルを出力し，LVS と DRC をかける．通常のレイアウトエディタでは，LVS や DRC ファイルのエラー出力ファイルを読み込み，図 10.4 のようにレイアウトエディタ上で該当個所をハイライトしてくれる．これがうまくいくまで頑張って環境設定すること．また，図 3.33 で示した LVS オプションに関しても，この段階であらかじめ決めておく．

　LVS, DRC の確認ができたら，階層設計を意識して 5 段インバータのレイアウトを行い，さらに LVS/DRC をかけておく．

10.3.3　RC 抽出

　さきほどレイアウトした 5 段インバータに対して RC 抽出を行う．この程度であれば素子数が増えてもシミュレーション時間にはほとんど影響ないので，C のみの抽出ではなく RC 抽出を行う．その RC 抽出ネットリストに対して SPICE シミュレーションを実行する．シミュレーションコントロール用のファ

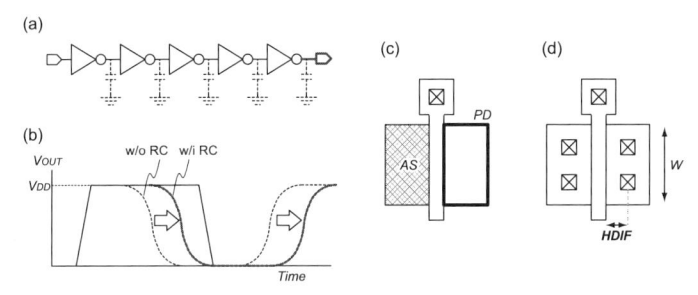

図 **10.5** AD/AS/PD/PS の調整

イルは 10.3.1 項で使用したのとまったく同じものが使えるハズである．このとき，それぞれのシミュレーション結果では図 10.5(a), (b) に示すように，RC 抽出ネットリストでの遅延は RC 無しのネットリストでの遅延に比べて増えているハズである．回路図設計での RC 無しネットリストで設計を最後まで進めてからレイアウトした場合，レイアウト後に RC 抽出ネットリストでシミュレーションしてみると遅延が大きすぎて再設計，という災害が起きてしまう可能性が大きい．それを防ぐために，回路図設計の状態である程度配線 RC の影響を見込んで設計したい．ここでは，回路図設計時に実際以上のソース・ドレイン容量を持たせることで，回路図設計時には考慮できない配線 RC の影響をある程度あらかじめ模擬することをオススメする．つまり BSIM3 モデルを使用している場合は SPICE パラメータファイルを編集して **HDIF** の値を大きな値に変更し，(b) に示すように RC 無しでのシミュレーション波形が RC 有りでのシミュレーション波形に一致するように調整する（RC 抽出ネットリストでのシミュレーション波形が基準）．また，BSIM4 などの **HDIF** の使えないモデルを使用する場合には，等価的に **HDIF** のようなパラメータを内部で定義して $AD = AS = 2 \times \mathbf{HDIF} \times W, PD = PS = 2 \times W + 2 \times \mathbf{HDIF}$ としてそれら AD/AS/PD/PS の値をネットリストに加えるスクリプトを作成し，それが RC 有りネットリストのシミュレーション波形に一致するように内部定義の **HDIF** パラメータ値を調整する．

　この段階での目的は，レイアウトからの RC 抽出ができるように設定すること，および，回路図設計の段階で使用する適切な **HDIF** の値を見つけることである．以降では，ここで見つけた **HDIF** 値を用いて本格的な回路図設計を行う．

10.4 いよいよ本格設計

10.4.1 回路設計と測定手法の検討

内部回路そのものは各自の欲しい回路を設計すればよい．ここでは，チップ外との信号のやりとりについて考える．

電源とグランド

- 何種類必要か？ アナログ用，デジタル用，IO用．もっと細かく分けるか？
- Deep Nwell を使うのか？ グランドは共通化するのか？ 基板でつながっても配線だけでも分けるのか？
- それぞれ何ピン必要か？ 電流密度は大きすぎないか？ 寄生インダクタンス，寄生抵抗は十分小さいか？
- 複数人で分担設計する場合の整合性は大丈夫か？ LVS 用のラベル名は？

入出力信号

- どの信号を外部から入力するか？ 周波数は？ どの装置から入れる？ 終端はどうする ($50\,\Omega/1\,\mathrm{M}\Omega$)？ アナログ or デジタル？ IO バッファはどうする？
- どの信号を取り出すか？ 周波数は？ どの装置で観測？ 終端はどうなる ($50\,\Omega/1\,\mathrm{M}\Omega$)？ アナログ or デジタル？ IO バッファはどうする？
- 想定した動作をしなかった場合に内部を観測するための保険用信号はどこを取り出す？ それで十分か？ 取り出すことによるノイズの影響は？

パッケージか針当てか

- 信号の最高周波数は？ パッケージでその周波数が入出力できるか？
- 高速プローブで針当てするか？
- ピン数は十分か？

測定用内部回路

- 手持ちの装置で測定可能か？（装置の測定可能周波数は十分高いか？ 装置の入出力ポート数は十分足りるか？）
- パッケージの周波数特性は十分高いか？ プローブで入出力ピンの数は足りるか？

ムリであれば，測定可能なように VCO や PLL を内蔵して内部で CLK 周波数を生成したり，出力予定波形をサンプリング & ダウンコンバージョンして取り出すなど，測定用の専用回路を入れる必要がある．

10.4.2 レイアウト設計

ピン配置の決定

針当てかパッケージに入れるか．針当てであれば，プローブの針の本数とそのピッチに合わせてパッド配置を決める．高速信号用のプローブであれば GSG もしくは GSGSG の順番で信号ピンを決める．低速信号用のプローブの場合で，電源ピンやグランドピンが決まっている場合にはそれに従った配置にする必要がある．また，測定時に 2 方向からプローブを当てる場合と 4 方向からプローブを当てる場合がある．お互いのプローブが干渉しないように，かつ，なるべく小さい面積で済むようなギリギリの配置とする．4 方向から当てる場合には測定時の苦労が増えることになる．

パッケージに入れる場合には，パッケージを載せるボードの加工精度やアセンブリ精度も考えながらピンの配置を決める．まずは図 10.6(a) のようなものを探し出し，チップ内部パッドとパッケージピンとの対応を確認する．これを基にたとえば図 9.9 の例では，パッケージ信号ピンの両隣はグランドとして GSG となるようにしてボード上の信号配線を容易にしている．ピンに余裕がある場合は GGSGG とするとハンダ付けがさらに容易になる．

ノイズ対策として図 5.16 に示したことを考慮しながらピン配置を決定する．

電源/グランドの全体レイアウト

IO 用の電源は図 5.15 に示すように，電源・グランドそれぞれのリングを形成する．IO 内部で電圧変換を行ってたとえば外部との信号は 3.3 V で送受信するが内部回路は 1.0 V といった場合は，3.3 V と 1.0 V 両方の電源・グランド，

計 4 本のリングを作る．

　内部回路用の電源は抵抗成分による IR ドロップを防ぐため，図 6.7(c) に示すように太い配線でメッシュ構造にする．また，電源ノイズ対策としてすき間にはデカップリング容量を敷き詰めるとよい．リーク電流と容量値，および LVS とそのオプションとの整合性を考えながら，最適な構成を考える．

　ノイズ分離の観点から，大電流を消費する IO，大規模デジタル回路，低ノイズとなってほしいアナログ回路では，電源・グランドを分離する．可能であれば図 6.10 に示すような Deep Nwell 構造およびガードリングを利用する．

配線を含めた全体レイアウト

　アナログブロックや高速動作ブロックはなるべく 1 ヵ所に固めることで，特別な考慮を必要とするエリアを集中させておくとやりやすい．

　また，IO から内部回路への配線はながーくなる傾向があるため，アナログブロックや高速動作ブロックは IO の近くに配置して配線遅延などの影響を抑える．また，ながーくなってしまった配線ではアンテナルール違反が起きやすいので，その場合には図 3.16 に示したような対策を取る必要がある．既に設計の最終段階であり，締切が目前にせまって焦っているときにアンテナエラーが出てしまうとヘコんでしまうが，なんとかするしかない．LVS/DRC/ERC/アンテナ/密度，等々すべてのチェックを通してから最終データを提出しよう．

　お疲れさまでした．飲みにでも行きましょうか．

10.5　設計データ提出後

　設計が終わってほっとしているところだが，「昨日の自分は他人」である．記憶の新しいうちに，やるべきことをやっておこう．

10.5.1　測定準備

　いや，「測定準備なんてチップが来てからじゃないとヤル気が出ない」って気持ちはわかる．わかるが，まだアドレナリンが残っている今のうちに前もってやってしまった方が効率的なのである．

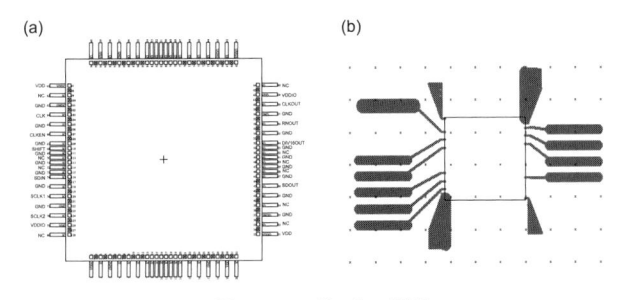

図 10.6　ボードの設計

ボードおよび冶具の作成

図 9.9(d) のボード設計手順を示す．内部ピンと外部ピンとの接続を記述してある図 10.6(a) にパッケージピンと回路内部で使用している信号名を書き入れる．測定中は回路図とこのピン配置図を常に手元に置いて測定することになる．

さらに，使用パッケージ形状のデータを基に図 10.6(b) のようなボードパターンを設計し，専用の装置を用いてボードを作成する．ボード作成を外注する場合には，外注先が求めるデータを手元で設計し，その設計データを渡すことになる．ボード作成はどうしても後回しになって，締切直前になって「至急やってくれ」と頼むことが多く，ボード作成会社は体育会系のところが多い気がする．それでも，設計データを渡してからボードが納品されるまで最短で 1 週間程度である．

チップおよびハンダ付けはチップが届いてからしかできないので，ここでは図 10.6(b) のデータ生成まで，もしくは，ボードを削るところまでやっておく．チップが届いてからデカップリングコンデンサや各種の端子やケーブルなどをハンダ付けする．

針当て測定ではボード設計の必要はないが，冶具が必要になる．図 9.6(d) 右下の孫ヘッダピンでは，電源系のリード線やデカップリング用の電界コンデンサなどをハンダ付けしている．これらもパッド配置や電源系が頭に入っている今のうちに作っておくと後々で助かる．

測定プログラムの作成

どのような測定をするべきか，設計時にあらかじめ考えてあるはずであり，基本的な測定用プログラムも今のうちから書きはじめておくとよい．特に初めて使う装置の場合には，操作に必要なコマンドを Programmer's Guide から探

し出しながらプログラムを書く必要があり，装置を思い通りに動かすには意外と時間がかかってしまう．

ただし，測定結果によっては，チップが当初想定していない動作を示して別途新たな測定が必要になることもあり，プログラミングも「昨日の自分は他人」であることを考えると，こちらはチップが来てから始めてもいいかもしれない．ただ，チップ納入から学会投稿締切まであまり時間が無い，などの場合は，やはり前もってある程度のプログラムを書いておくことをオススメする．

10.5.2 特許書類の作成

大学ではともかく，会社では特許出願が必須である．設計が終わってチップが手元に届くまでの間に特許を書くというのが1つのパターンであるらしい．チップが動かないと学会発表はできないけど，特許はチップが動く/動かないにかかわらず出願するもののようである．

10.6 測定とその後

10.6.1 測定

チップが届いたら測定する．地味で根気のいる作業である．それゆえ測定結果は貴重であって，実チップとの対話によって新たな発見がもたらされる．また，測定結果は「一期一会」と心得，測定自動化プログラムを利用して一気に測定しよう．

10.6.2 報告書の作成

測定結果は，測定手順や接続関係，測定条件，生データなどの「事実」と，そこから導かれる「考察」とを区別し，わかりやすくまとめよう．

良い結果が出たら学会に投稿する．学会の原稿は，Title, abstract, Introduction, Conclusion をまず書く．分量は 1/5 程度だが，これで半分は完成したと思って良い．逆に言えばそれくらい重要な部分なので，細心の注意を払って書いてほしい．他の部分は勢いで書ける．Congratulation! という Accept メールが来てから発表用スライドを準備する．シンプルに美しく仕上げ，発表用に話す英文原稿も書く．十分に発表練習し，原稿を見なくても発表できるように英文は覚えよう．

学会発表でのQ&Aも参考にしながら，背景理論なども詳細に述べつつ，論文誌に投稿しよう．ほとんどの場合はConditional Acceptanceを経てから最終的にAcceptとなる．

10.6.3　次の設計に向けて

ここまで来ると，今回作成した回路の利点・欠点を誰よりも（先生よりも，上司よりも）知り尽くしていることだろう．欠点を修正した回路，さらには，問題を解決する新しい回路を思いついたかもしれない．想像力と創造力を駆使して，より良い回路を設計してほしい．

おわりに

もっと自由に，もっとリッチに，もっとハッピーに

　最後までお付き合いいただき，どうもありがとうございました．本書を読むことで，これまで知らなかった知識を知ることができ，意味のわからなかったオマジナイの意味が理解できるようになり，その結果，不安だった自分の回路設計に自信が持てるようになり，したがって，先輩・上司・先生に依存するのではなく自らに由ることができるようになり，自由が広がったことと思います．
　自由主義の国に住んでいる我々の目の前には数百兆円のマーケットが広がっていて，わずかワンクリックで世界中のマーケットにアクセスできます．そして他業界と比較しても半導体業界のマーケットは最もオープンで最もフェアであります．我々は進路選択の段階で，数ある技術分野の中からその「半導体の回路設計」というとてもラッキーな分野を選びました．そしてちゃんと技術を身につけていれば，我々はこのオープンでフェアなマーケットにおいて，もっと自由になれるし，もっとリッチになれるし，もっとハッピーになれるのです．
　本書の内容が読者にとっての知識となり自信となり，自由でリッチでハッピーな回路設計者となる一助となれば，筆者としても大変うれしく思いますし，何よりも読者のみなさんにとって，本書を読んだ甲斐があったというものです．

2011 年 6 月

名倉 徹

索引

[あ行]

アイパターン　171
アクセサリ　192
アグレッサ　102, 137
アッテネータ　192
アニーリング　59
アンテナルール　67
イオン打ち込み　53, 58
位相シフト　55
イベントドリブン　35
インスタンス　41
インダクタ　42, 72
インピーダンスマッチング　113
ウェットエッチング　58
ウェハ間ばらつき　142
エッジ効果　92
エッチング　58
エレクトロマイグレーション　68, 154
オシロスコープ　167
オフ領域　9
オープンドレイン　122
温度変動　132

[か行]

階層検証　86
階層設計　17
階層レイアウト　76
過渡応答　27
過渡解析　27, 45
ガードリング　137
貫通電流　152
疑似エラー　85
疑似ランダム信号　178

寄生インダクタンス　135
寄生抵抗　11, 89, 134
寄生容量　89
基板ノイズ　136
キャリブレーション　182
金属配線　53
グランド　185
グリッド　64, 73
クリティカルパス　145
クロスカップル容量　102
クロストーク　102, 125
　──ノイズ　137
クロックスキュー　147
クロックツリー　78
クロック配線　77
グローバルばらつき　143
グローバル変数　18
ゲートコンタクト抵抗　90
ゲート酸化膜　53
ゲート長　3
ゲート幅　3
ゲートポリ　70
ゲート容量　71
ゲートリーク　152, 153
後進波　181
高速 SPICE　34
固定電荷　157
コーナー条件　132
コンダクタンス行列　22
コンタクトホール　53
　──抵抗　90
コンパクション　100

[さ行]

最小グリッド　64, 75
サブサーキット　41
サブスレショルドリーク　152, 153
差分法　94
サンプリングオシロスコープ　167
サンプリング周期　167
時間分解能　167
シグナルジェネレータ　164
ジッタスペクトル　175
ジッタヒストグラム　172
シート抵抗　90
ジャンクションリーク　152
終端　112
　　――抵抗　165
集中定数　115
充放電電流　152
衝突電離　157
シリサイド　53
　　――化　70
　　――プロテクション　70, 120
シールド　79
　　――ルーム　196
進行波　181
ストレスマイグレーション　155
スパイクノイズ　102
スパッタリング　57
スペアナ　175
スペクトラムアナライザ　175
スミスチャート　179
整合終端　113
精度の指定　38
設計グリッド　75
接合リーク　154
セットアップ違反　128, 147
セルフアライン　56
線形近似　24
線形動作領域　9
相補型並列終端　116

ソース・ドレイン容量　5
ソースフォロア　122
ソフトエラー　156

[た行]

帯域幅　169
タイムステップ　45
　　――制御　37
ダブルウェル構造　1
ダブルバック　76
ダミートランジスタ　66
ダミー発生禁止領域　66
ダミーメタル　65
蓄積領域　9
チップ間ばらつき　142
チップコンデンサ　186, 196
チップ抵抗　196
チップ内ばらつき　142
直列終端　116
抵抗　42
　　――測定　91
　　――値分布　103
ディープ Nwell　2
デカップリング容量　135, 186
デザインルール　62
　　――マニュアル　62
デジタルパッド　110
テブナン終端　116
デュアルダマシン　59
電圧源　42
電圧降下　103
　　――分布　103
電界コンデンサ　186, 195
電撃変動　131
電源　163
　　――線　77
　　――電圧降下　186
　　――ノイズ　133
　　――リング　124
伝送線路　109, 112
電流源　44

索引　227

電流ループ　125
等価時間サンプリング　167
特性インピーダンス　112, 165
特性劣化　154
ドライエッチング　58
ドライステートバッファ　122
トランジェット（TRAN）解析　27
トランジスタばらつき　142
トランジスタモデル　13
トランジスタ容量　9
トリガ　167
トリプルウェル　2
ドレイン電流　8
トンネル電流　153

[な行]

ナイキストの標本化定理　169
ネガティブレジスト　55
熱雑音　177
熱酸化　57
ネットリスト　39
ネットワークアナライザ　179
ノイズフロア　177

[は行]

バイアスティー　193
配線 RC　89
配線抵抗　89
配線容量　89
パッシベーション　110
パッド　109
パーティショニング　35, 102
ハーモニックバランス解析　32, 46
バラクタ　71, 72
ばらつき　141
パラメータ　13
パルスパターンジェネレータ　166
パワースプリッタ　193
反射　112
　──率　113
ハンダ吸取線　197

バンド幅　169
ビア抵抗　90
ビアホール　53
光近接効果補正　56
ビクティム　102, 137
ビットエラーレート　178
表皮厚　91
表皮効果　91
フィッシュボーン　77
フィールドソルバ　96
フォトリソグラフィー　53
フリップチップボンディング　111
プルアップ抵抗　122
プルダウン抵抗　122
プロセスコーナ　46
　──ライブラリ　15
プロセス変動　131
ブロッキングキャパシタ　192
フローティングノード　104
分布定数　115
並行平板モデル　92
並列終端　116
ヘッダピン　190
変位電流　188
飽和動作領域　9
ポジティブレジスト　55
ホットキャリア　157
ボディ端子　1
ポリシリコン　53
ホールド違反　129, 147
ボンディングワイヤ　109, 111

[ま行]

マスク合わせ　55
マスクパターン　54
マルチスレシォルド回路　153
マルチチップパッケージ　111
マルチビア　107
密度ルール　65
ミル規格　190
無終端　116

モデル 6, 13
 ——パラメータ 13
モデル名 13
モンテカルロ 148

[や行]

有限要素法 95
容量 42

[ら行]

ライブラリ 46
ラベル 19
ランダムばらつき 142
リアルタイムオシロスコープ 173
リーク電流 152
リターンパス 187
リードフレーム 109, 111
リピータ 108
ルックアップテーブル 96
レイアウト依存ばらつき 142
レイアウト設計 53
レイヤ 72
レジスト液 54
レゾリューションバンド幅 177
レプリカ 145
ローカルばらつき 143
ロジアナ 183
ロジックアナライザ 183
ロジックジェネレータ 184

[欧文]

AC解析 25, 45
AC終端 116
AD/AS/PD/PS 4
Backward Eular法 29
BERT 178
BNC 191
CDM 118
CML 117
CMP 58
Cu配線 106

CVD 57
DC解析 21, 44
Deep Nwell 137
DRC 79
DVFS 145
ECL 118
Elmore遅延 101
EMC 139
EMI 139
EMS 139
ERC 85
ESD 118
ESD保護回路 119
Forward Eular法 28
GPIB 199
HBM 118
HDIF 5
H型ツリー構造 147
Hツリー 77
IO[アイオー]パッド 110
KCL 21
LDD 157
Low-K 106
LVDS 117
LVPECL 117
LVS 81
 ——オプション 83
MEASURE 49
MIM容量 71
MM 118
M(multiplier) 4
Modified Nodal Analysis 23
NBTI 158
Newton-Raphson(NR)法 24
Newton法 24
OPC 56
PECL 117
Pelgrom(ペリグラム)の関係 143
PN接合容量 7
PRBS 178

PVT 変動　130
RBW　177
RF パッド　110
RTN　158
SMA　191
SMA コネクタ　196
SOI　121
SPICE　21
SPICE パラメータ　12, 13

STI　2
S パラメータ　181
S ファクタ　153
Thick Metal　106
Trapezoidal 法　30

2.4mm　191
3.5mm　191

著者略歴

福岡大学工学部電子情報工学科教授，東京大学大学院工学系研究科客員研究員，JAXA 客員
1972 年　生れる
1995 年　東京大学工学部電子工学科卒業
1997 年　東京大学大学院工学系研究科電子工学専攻修士課程修了
1997 年　三菱電機システム LSI 開発研究所入社
1999 年　Avant! Corporation R&D group 入社
　　　　（米国オレゴン州勤務）
2002 年　東京大学大学院工学系研究科電子工学専攻博士課程入学
2005 年　東京大学大学院工学系研究科電子工学専攻博士課程修了
2005 年　NEC システムデバイス研究所入社
2007 年　東京大学大規模集積システム設計教育研究センター
　　　　（VDEC）特任准教授
2017 年　東京大学大学院工学系研究科電気系工学専攻准教授
2018 年より現職
受賞歴：第 7 回 LSI IP デザインアワード「IP 優秀賞」, IP Based Design Conference & Exhibition (IP-SOC 2005)「Best Paper Award」, 電子情報通信学会「平成 17 年度 論文賞」, JETTA/TTTC「2016 Best Paper Award」, IEEE International Test Conference「2016 ITC Ned Kornfield Best Paper Award」
著書：『アナログRF CMOS集積回路設計 応用編』（共著，培風館，2011 年）

LSI設計常識講座

　　　　　　2011 年 12 月 19 日　初　版
　　　　　　2024 年　6 月　1 日　第 2 刷

　　　　　　［検印廃止］

著　者　　名倉　徹
発行所　　一般財団法人　東京大学出版会
　　　　　代 表 者　吉見俊哉
　　　　　〒153–0041　東京都目黒区駒場 4-5-29
　　　　　電話 03–6407–1069　　Fax 03–6407–1991
　　　　　振替 00160–6–59964
　　　　　https://www.utp.or.jp
印刷所　　三美印刷株式会社
製本所　　誠製本株式会社

ⓒ2011 Toru Nakura
ISBN 978-4-13-062832-7　　Printed in Japan

[JCOPY]〈出版者著作権管理機構 委託出版物〉
本書の無断複写は著作権法上での例外を除き禁じられています。複写される場合は，そのつど事前に，出版者著作権管理機構（電話 03–5244–5088, FAX 03–5244–5089, e-mail: info@jcopy.or.jp）の許諾を得てください。

Pythonによるプログラミング入門 　東京大学教養学部テキスト 　　アルゴリズムと情報科学の基礎を学ぶ	森畑明昌	A5判/2,200円
量子技術入門	長田有登ほか	A5判/3,700円
固体電子の量子論	浅野建一	A5判/5,900円
教養としての機械学習	杉山　将	四六判/2,600円
MATLAB／Scilabで理解する数値計算	櫻井鉄也	A5判/2,900円
情報　第2版　東京大学教養学部テキスト	山口和紀 編	A5判/1,900円
コンピューティング科学　新版	川合　慧	A5判/2,700円
並列プログラミングのツボ 　数値計算から機械学習まで	片桐孝洋	A5判/3,200円
スパコンを知る 　その基礎から最新の動向まで	岩下武史・片桐孝洋・ 高橋大介	A5判/2,900円

ここに表示された価格は本体価格です．御購入の
際には消費税が加算されますので御了承下さい．